Mathematicaで学ぶシリーズ 5

電磁気学演習

工学博士　稲垣　直樹　著

コロナ社

まえがき

　本書は*MATHEMATICA*®を利用して，電磁気学の理解を深めるために問題演習を行うためのテキストです．1999年に"教科書"：「電磁気学」を出版させていただきましたが，当時から，姉妹書として執筆を約束していました．

　電磁気学の力を身に付けるには，問題を解くことが一番の早道です．このとき，私たちはまず問題を分析し，次に解を得るために数学をどのように応用するかを考えます．このステップでの思考は*MATHEMATICA*®を用いると効率的です．いったん，問題が数学の問題に正しく転化できれば，*MATHEMATICA*®は短時間に正解を提示し，美しいグラフィックスによって結果を表現してくれます．そして，次のステップへの移行が促進されることでしょう．*MATHEMATICA*®を利用すれば，それまではあきらめていた高度な問題の演習が可能になるものと思います．

　大学の工学部電気系学科のカリキュラムでは，電磁気学は電気回路と共に基礎科目として最重要科目であることはいうまでもありませんが，情報化の進展と共に，その時間数は圧縮される傾向にあります．コンピュータは得意だが電磁気学は苦手だという学生が増えているように思います．このような学生諸君も*MATHEMATICA*®を利用すれば，抵抗感なく電磁気学を学べるのではないでしょうか．

　このような考えで執筆を進めるうちに，内容がだんだん高度になってしまいました．本書のすべての内容を初学者が理解することは難しいかもしれません．しかし，本書の勉強を続けるうちに，電磁気学の全貌を徐々に理解できるようになるはずです．是非とも努力してください．

　また社会人の中には，電磁気学をもう一度勉強し直す必要を感じておられる方がいらっしゃると思います．本書によれば，以前に学んだやり方とは一味違う新鮮な気持ちで勉強し直すことができると思います．是非利用してください．

執筆開始時には MATHEMATICA® はバージョン 4 でしたが，バージョンアップを繰り返し，現時点ではバージョン 7 です．用意されている関数は 1863 から 3429 に増えるなど，非常に充実しました．しかし，バージョン間の互換性は完全ではありません．特にバージョン 5 からバージョン 6 への移行に伴い，大幅な変更がありました．本書はバージョンによる違いを明示し，バージョンがなんであっても使えるように工夫しました．執筆開始時にバージョン 4 であったことにはご利益もありました．本書は TeX によって執筆していますが，バージョン 4 においてプログラムのノートブックを TeX ファイルとして保存し，付属のスタイルファイル notebook2e.sty を用いてコンパイルすると，パソコン画面上の MATHEMATICA® ノートブックを忠実に文書化できます．例えば * が MATHEMATICA® では * ですが，そのとおりにタイプセットできます．また，入出力のセルごとにプロンプト，In[·] と Out[·]，をタイプセットできます．本書に書かれたノートブックをパソコン入力して，実行してみてください．電磁気学を体全体を使って勉強できるものと思います

　本書は前著"教科書"と章立てをほぼ同じにしました．これを本編とし，その前に MATHEMATICA® を活用する準備のための前編を設けました．前編 1 章（前1）では本書で用いる MATHEMATICA® のバージョンによる違い，MATHEMATICA® の機能を拡張するソフトウェアのインストール方法，などを解説し，前編 2 章（前2）では MATHEMATICA® におけるベクトル解析をまとめて解説しました．本編を学ぶ前に，前編により準備を必ず行ってください．前編の準備により MATHEMATICA® が好きになり，そして本編に進むことにより電磁気学を楽しく学習できることを保証します．

　本書執筆にあたり，種々の便宜を図っていただき，そして本書を書き上げるまでの長年月を辛抱強く待っていただいた（株）コロナ社の皆様に深く感謝申し上げます．

　2010 年 1 月

稲垣 直樹

目　　次

前編　*MATHEMATICA*® 活用の準備

前1.　*MATHEMATICA*® の利用

前 1.1　本書における表記法 …………………………………… *2*
前 1.2　*MATHEMATICA*® のバージョンによる違い ………… *3*
前 1.3　インタラクティブ（対話的）な利用 ………………… *7*
前 1.4　データファイルの作成 ………………………………… *8*
前 1.5　パッケージの作成 ……………………………………… *9*
前 1.6　Wolfram Library Archive の利用 ……………………… *11*

前2.　座標系とベクトル解析

前 2.1　座　標　系 ……………………………………………… *19*
前 2.2　ベクトル解析 …………………………………………… *23*

本編　*MATHEMATICA*® による電磁気学ラボラトリー

1.　電荷と静電界

1.1　電荷と電流 ………………………………………………… *30*
1.2　クーロンの法則 …………………………………………… *33*
1.3　問題を解こう ……………………………………………… *43*

2. 渦なしの場と電位

2.1 静電界と電位 ………………………………………………… 46
2.2 点電荷による電位と電界 ……………………………………… 47
2.3 ポアソン方程式とラプラス方程式 …………………………… 50
2.4 等電位線と電気力線 …………………………………………… 51
2.5 直線上点電荷列の電気力線 …………………………………… 54
2.6 平面内に分布する点電荷群による電気力線 ………………… 57
2.7 問題を解こう …………………………………………………… 59

3. 導体と静電界

3.1 導体表面上の境界条件 ………………………………………… 63
3.2 電位係数と静電容量係数, 静電誘導係数 …………………… 64
3.3 映像電荷法 ……………………………………………………… 67

4. ラプラス方程式の解

4.1 変数分離の方法 ………………………………………………… 75
4.2 調和関数 ………………………………………………………… 77
4.3 調和関数によるディリクレー問題の解 ……………………… 83
4.4 複素関数 ………………………………………………………… 89

5. 誘電体

5.1 分極電荷と電束密度 …………………………………………… 96

- 5.2 誘電体とコンデンサ ……………………………………… *100*
- 5.3 誘電体境界と境界条件 …………………………………… *103*
- 5.4 映像電荷法 ………………………………………………… *105*
- 5.5 問題を解こう ……………………………………………… *109*

6. 電気エネルギーと力

- 6.1 電気エネルギー …………………………………………… *112*
- 6.2 ファラデー管とマクスウェルの応力 …………………… *114*
- 6.3 コンデンサに働く力 ……………………………………… *116*
- 6.4 問題を解こう ……………………………………………… *116*

7. 電流と抵抗

- 7.1 電界に比例する電流密度と抵抗 ………………………… *118*
- 7.2 興味深い抵抗回路 ………………………………………… *120*
- 7.3 電流の場と静電界のアナロジー ………………………… *124*
- 7.4 分布抵抗線路 ……………………………………………… *125*
- 7.5 問題を解こう ……………………………………………… *128*

8. 磁気力の場

- 8.1 電流のつくる磁束密度 …………………………………… *129*
- 8.2 線分の電流 ………………………………………………… *131*
- 8.3 円電流 ……………………………………………………… *132*
- 8.4 ヘルムホルツコイル ……………………………………… *133*
- 8.5 微小ループ ………………………………………………… *136*

8.6 問題を解こう ………………………………………………… *139*

9. ベクトルポテンシャル

9.1 連続電流分布と磁界 …………………………………………… *143*
9.2 ベクトルポテンシャル …………………………………………… *144*
9.3 磁 力 線 …………………………………………………… *147*
9.4 問題を解こう …………………………………………………… *149*

10. 電 磁 誘 導

10.1 ファラデーの法則 ……………………………………………… *153*
10.2 連続系の電磁誘導の法則 ……………………………………… *154*
10.3 自己・相互インダクタンス …………………………………… *155*
10.4 ノイマンの公式 ………………………………………………… *155*
10.5 平行線電流間の相互インダクタンス ………………………… *159*
10.6 長 岡 係 数 …………………………………………………… *161*
10.7 問題を解こう …………………………………………………… *165*

11. 磁 性 体

11.1 磁 化 と 磁 界 ……………………………………………… *168*
11.2 磁性体境界面における境界条件 ……………………………… *172*
11.3 問題を解こう …………………………………………………… *175*

12. 磁気エネルギーと力

- 12.1 空間の磁気エネルギー密度 ………………………………… *177*
- 12.2 導体内の電流分布 …………………………………………… *179*
- 12.3 渦　電　流 …………………………………………………… *182*
- 12.4 ローレンツ力 ………………………………………………… *184*
- 12.5 問題を解こう ………………………………………………… *188*

13. 電気学と磁気学の森

- 13.1 E-B 対応と E-H 対応 ……………………………………… *191*
- 13.2 永　久　磁　石 ……………………………………………… *197*

14. 電　磁　波

- 14.1 マクスウェル方程式 ………………………………………… *203*
- 14.2 ヘルムホルツ方程式 ………………………………………… *206*
- 14.3 平　面　波 …………………………………………………… *207*
- 14.4 微小ダイポールからの放射 ………………………………… *209*
- 14.5 問題を解こう ………………………………………………… *211*

索　　　引 ………………………………………………………… *214*

Mathematica は Wolfram Research, Inc. の登録商標です。
MS-Windows は Microsoft Corporation の登録商標です。
他のすべての製品名はその製造元の登録商標です。

前編

MATHEMATICA® 活用の準備

前1 MATHEMATICA® の利用

本章は電磁気学の演習を行うために，MATHEMATICA® の機能をフルに利用するための準備を行う．

前 1.1　本書における表記法

説明の途上にある種々の記号には次のような意味をもたせてある。

文法	MATHEMATICA® の文法の簡単な説明
▽	ヒント
⚐	ノートブックで定義した変数などの説明
⚠	注意
☞	MATHEMATICA® による演習の指示
✎	MATHEMATICA® によらない学習の指示
❀₄	バージョン4特有の入力部分
❀₅	バージョン5特有の入力部分
❀₆	バージョン6特有の入力部分
❀₇	バージョン7特有の入力部分
`FieldLines`	`ExtendGraphics`FieldLines`` (前 1.6.2 参照)
`JaveView`	`JavaView` (前 1.6.3 参照)
`VectorAnalysis`	ベクトル解析パッケージのロード (前 2.2 参照)
`Animation`	アニメーションのプログラム (前 1.2.2 参照)

本書ではMATHEMATICA®のノートブックへの入力と，その出力をコンピュータのディスイプレイ上と同じように表示する。入力はプロンプト In[n]:=で始まるクーリエ書体の太字で表し，その出力は Out[n]=で始まる。ここに，番号 n は章ごとの通し番号とした。オンラインヘルプの**?**で始まる入力に対する出力セルでは Out[n]=が現れない。本書に書かれたコマンドを入力し，（入力セルをアクティブにした後に SHFT + RET により）実行することを勧める。入力の説明が必要と思われる場合には，その下に説明文を添えている。この部分も入力して残したい場合には，説明文を独立なセルとし，メニューの書式/スタイル/**Text** を選択しておくとよい。入力セルの中に含めるには，説明文を **(*** と ***)** ではさんで，コメントアウトしておく。

前 *1.2* MATHEMATICA® のバージョンによる違い

MATHEMATICA® はバージョンアップを繰り返し，機能がその都度向上している。本書の執筆を開始した時点ではバージョン 4[*1]であったが，現在はバージョン 5，バージョン 6 を経てバージョン 7[*2]となっている。バージョンの間の互換性はほぼ完全に保たれていて，バージョン 4 のほとんどのプログラムは全バージョンでそのまま変更なしに使える．しかし，一部の関数は互換性がなく，プログラムに変更を加える必要がある。本書はすべてのバージョンの利用者の便宜を考え，基本的にバージョン 4 のプログラムを示し，バージョン 5 以上のバージョンで変更が必要な場合には，その部分をバージョン名と共に示すことにした。

各バージョンが用意している関数の数は次のようにして知ることができる。

```
In[1]:= Names["System`*"];
        Length[%]
Out[1]= 1863
```

文法　行末にセミコロン**;**を付けると結果の表示を抑圧できる。また，複数の式をセ

[*1] 榊原　進：はやわかり Mathematica，共立出版 (2000-08)
[*2] 日本 Mathematica ユーザ会　編著：入門 *Mathematica*，東京電機大学出版局 （2009-06）

前 1. MATHEMATICA の利用

ミコロンでつないで 1 行に書くことができる（複合式）。

バージョン 4.1 では 1863，バージョン 5.1 では 1984，バージョン 6.0 では 2956，バージョン 7.0 では 3429 個の関数（カーネル関数と呼ばれることがある，この数字には大域変数の数も含まれている）が用意されていることがわかるであろう。詳しくは行末のセミコロン；を消して，出力すれば関数と大域変数のリストが表示される。これらの数からバージョン 5 からバージョン 6 への移行に伴う変更が最大であることが窺える。この理由から，特に断らないとき，バージョン 5 以下を下位バージョン，バージョン 6 以上を上位バージョンと呼ぶことにする。

非互換のバージョン変更は，次の web ページに解説されている。

http://reference.wolfram.com/mathematica/tutorial/IncompatibleChanges.html

本書では，電気と磁気の MATHEMATICA のグラフィック機能による視覚化を駆使するが，バージョン 5 からバージョン 6 への移行の際にグラフィック機能に大きな変更が行われ，下位バージョンの機能を使えなくなっている場合がある。上位バージョンで下位バージョンのグラフィック機能を使うには **<<Version5`Graphics`** を用いるとよい。上位バージョンのグラフィック機能に戻すには，**<<Version6`Graphics`**，**<<Version7`Graphics`** を用いる。

バージョンアップにより，パッケージがなくなり，カーネル関数に移されている場合がある。次の例は上位バージョンで，**<<Graphics`Graphics`** を実行した場合に現れるメッセージである。

General::obspkg :
　Graphics`Graphics`はサポートされなくなりました．ロードしようとしているレガシーバージョン
　　　は，現在のMathematica機能と衝突を起こす可能性があります．更新情
　　　報についてはCompatibility Guideをご覧ください．≫

≫をクリックすると対処方法の説明が現れるであろう。

グラフィックスの出力においても，下位バージョンではコマンドの末尾に；を加えることにより，グラフィックスの後に現れる次のような各種のSkeltonIndicatorの出力を抑制することができる。

```
Out[1]= -Graphics-
        -Graphics3D-
        -SurfaceGraphics-
        -ContourGraphics-
        -GraphicsArray-
```

しかし，上位バージョンではこのSkeltonIndicatorがなくなり，グラフィックス表示のコマンドの末尾に；を加えるとグラフィックスの表示自体を抑制するように変更になっているので，；を加えないように注意しよう。本書では，バージョンにかかわらずグラフィックスコマンドの末尾に；を加えることはせず，このとき下位バージョンで現れるSkeltonIndicatorを削除して示さないことにする。本書で図番号とキャプションがないグラフィックスは，MATHEMATICA®コマンドによる出力である。

前 1.2.1 ベクトル場の力線

電界のようなベクトル場を視覚的に理解を助ける手段として力線がある。

〔1〕 正しい力線の条件

力線は次の条件を満たすように描いた曲線である。

 (1) 接線方向がそのベクトルの向きに一致する。
 (2) 力線の密度はベクトルの大きさに比例する。

〔2〕 力線のための関数

ベクトル場の力線を近似的に描くために次の関数が用意されている。

 パッケージ：**≪Graphics`PlotField`**
 関数：**PlotVectorField**

パッケージ：**≪VectorFieldPlots`**
関数：**VectorFieldPlot**

関数：**StreamPlot**

> 文法　**≪** は **Get** の省略形である。ファイルを読み込むために用いるが，すでにそのファイルが存在しても再度読み込む。これを避けるには **Needs** を用いる。本書では簡略のために省略形 **≪** を用いた。

PlotVectorField と **VectorFieldPlot** は共に等間隔の格子点にベクトルの向きを小さい矢印で示すもので，連続的な力線を得ることはできない。**StreamPlot** は力線の条件〔1〕の（1）を満たし，連続な曲線を与えるが，密度に関する条件（2）は満たさないために力線としてはやや物足りない。また，3次元ベクトルを3次元的に描くことができない。前 1.6.2 では力線を正しく，美しく描くための関数を用意する。

前 1.2.2　アニメーション

本書ではパラメータの変化に伴うグラフの変化を動画を描いて理解を深める。このために次のような関数を用いる。

パッケージ：**≪Graphics`Animation`**
関数：**Animate, MoviePlot, MovieContourPlot,**
　　　　　　Table[Plot[‥‥]]

多数のグラフが描かれる。これらをセルを選択してアクティブにしておきツールバー/セル/グラフィックのアニメーション化/を選択する。

関数：**Animate, Manipulate**

前 1.2.3　複素正則関数による等角写像

解析的な複素関数 $w = F(z), z = x + jy, w = u + jv$ は 2 次元静電界の解析にしばしば応用される。解析関数の実部 $u(x, y)$ と虚部 $v(x, y)$ は共にラプラス方程式を満たし，xy 平面上の $x =$ 一定 と $y =$ 一定 の直交する直線群を uv 平面上の直交する曲線群に写像する。このような写像を等角写像という。$u(x, y)$ と $v(x, y)$ の等高線は，2 次元静電界の等電位線と電気力線にみなすことができる。$u(x, y)$ の等高線が電極の形状に一致するような解析関数が見つかれば，その境界値問題は解けたも同然である。

下位バージョンでは，複素関数 $f[x + I * y]$ の等角写像のためのパッケージと関数が使用できる。

パッケージ：`<<Graphics`CartesianMap``

関数：`CartesianMap`

上位バージョンでは，このパッケージと関数がなくなり，関数 **ParametricPlot** を用いることになっている。著者の経験では，下位バージョンの関数 **CartesianMap** のほうが便利であると感じている。そこで，上位バージョンでは，次のようにして下位バージョンのパッケージと関数を利用することにする．

パッケージ：`<<Version5`Graphics``
　　　　　　`<<Graphics`CartesianMap``

関数：`CartesianMap`

前 1.3　インタラクティブ（対話的）な利用

MATHEMATICA® には多くの関数が用意されているので，C や Fortran では数十行以上の入力を要したものが，1 行だけの入力で出力が得られることが多い。数行以下の入力ごとに実行させ，期待どおりの結果が得られるまで入力を改良

して，前に進むことができる．新しくプログラムを書くときに，このように1コマンドごとに実行し，対話的に使用するのがよい．

しかし，便利さにはつねに不便利さもつきまとう．上記の対話的利用は便利であるが，一度実行した結果は残っているので，プログラムを一部書き換えて再実行したときに期待した結果が得られないことがある．次のコマンドを先頭に書いておくとこれらの結果は消去されるので，このような問題を避けることができる．このコマンドの意味はオンラインヘルプで調べておこう．

```
In[2]:= Clear["Global`*"]
```

前 1.4 データファイルの作成

原点から3次元的に等しい角度間隔で出る12本および20本のベクトルのリストを作成，保存する．

☞ 以下のコマンドを実行しよう．

```
In[3]:= << Graphics`Polyhedra`
        N[Vertices[Icosahedron]] >> "vt12.dat"
        N[Vertices[Dodecahedron]] >> "vt20.dat"
```

```
In[4]:= N[PolyhedronData["Icosahedron", "VertexCoordinates"]]
            >> "vt12.dat"
        N[PolyhedronData["Dodecahedron", "VertexCoordinates"]]
            >> "vt20.dat"
```

☞ 正二十面体（icosahedron）は12の頂点をもち，正十二面体（dodecahedron）は20の頂点をもつ．これらの形状を並べて表示して，比較しよう．

```
In[5]:= Show[GraphicsArray[{Graphics3D[Icosahedron[]],
            Graphics3D[Dodecahedron[]]}]]
```

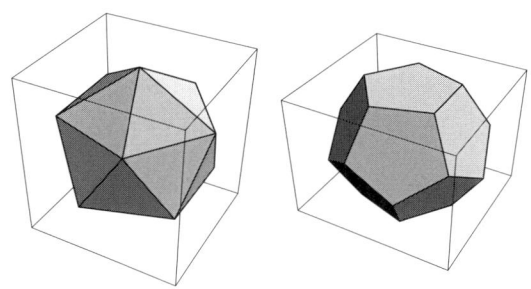

文法　データファイルの保存場所はコマンド：**Directory[]** を入力して知ることができる。

文法　**>>** は **Put** の省略形。同様な機能をもつ **Export** と共に，その機能を**??**により調べておくとよい。

前 1.5　パッケージの作成

MATHEMATICA® の特徴にパッケージを自作できる拡張性の高さがある。本書は*MATHEMATICA*® プログラミングを目指すものではないが，その一端に触れておこう。

4　*MATHEMATICA*® のディレクトリーの中にパッケージを作るためのテンプレート：Template.nb があるので，これをもとに作るのがよい。これは Roman E. Maeder 氏によるものである。上位バージョンではテンプレートを利用できないが，見よう見真似で，パッケージを作ってみよう。詳しく勉強したいならば，同氏による著書[*3]を読むことを勧める。

```
C:/Program Files/Wolfram Research/Mathematica
/*.*/AddOns/ExtraPackages/ProgrammingInMathematica
/Template.nb
```

[*3] Roman E. Maeder：Programming in Mathematica, second edition, Addison-Wesley（1991）

これを開き，その記述例に倣って書き込めばできあがる。

以下は，3次元の座標軸を描く簡単なパッケージの例である。次章以下で用いるので作成しておこう。適当なエディタを用いて作成する。

|文法| Module[{x,y,…},式] は式における x,y,… を局所変数として取り扱うことを指定し，パッケージ内でよく用いる。

```
BeginPackage["MyPackages`axes`"]
axes::usage = "axes.m は関数 coord を呼ぶことにより3次元座標系を作成する."
coord::usage = "coord[a,b,c] は x,y,z 方向及び-x, -y, -z 方向に長さがそれぞれ a,b,c である3次元デカルト座標系の座標軸の，3次元グラフィックス・プリミティブ."
Begin["`Private`"]
   arrow3d[p1_, p2_, p3_, p4_] :=
     Line[{p1, p2, p3, p4, p2}]
coord[a_, b_, c_] := Module[
   {d, d2, ax, ay, az, tx, ty, tz, to},
   d = 0.05*Min[a, b, c]; d2 = 2*d;
   ax = arrow3d[{-a, 0, 0}, {a, 0, 0}, {a - d, d, 0},
    {a - d, -d, 0}];
   ay = arrow3d[{0, -b, 0}, {0, b, 0}, {d, b - d, 0},
    {-d, b - d, 0}];
   az = arrow3d[{0, 0, -c}, {0, 0, c}, {d, 0, c - d},
    {-d, 0, c - d}];
   tx = Text["x", {a + d2, 0, 0},TextStyle->{FontSize->20}];
   ty = Text["y", {0, b + d2, 0},TextStyle->{FontSize->20}];
   tz = Text["z", {0, 0, c + d2},TextStyle->{FontSize->20}];
   to = Text["O", {-d, -d, -d},TextStyle->{FontSize->20}];
   coord = {to, ax, tx, ay, ty, az, tz}
   ]
End[]
EndPackage[]
```

☞ 保存するディレクトリとして，パスの通ったディレクトリ，例えば
    C:/Program Files/Worfram Research/Mathematica/*.*
    /AddOns/ExtraPackages
の中に，MyPackages ディレクトリをつくっておき，ここに axes.m の名前で保存しておく。

☞ このディレクトリは Unix では

/usr/local/mathematica/AddOns/ExtraPackages/ となる．多人数が共用する場合には，管理者に依頼して，一つだけ保存しておくとよい．利用者個々にファイルを保存したいときは自分の適当なディレクトリーに保存し，パスを通しておく．

前 1.6　Wolfram Library Archive の利用

　本書では目に見えない電磁界の理解を深めるために，電界や磁界のグラフィックス表示を多用する．この目的のためには MATHEMATICA に組み込まれているパッケージのみでは満足できない．このようなとき，Wolfram Research Inc. の無料アーカイブサービス Wolfram Library Archive を検索することを勧める．世界の MATHEMATICA ユーザが作成したパッケージやノートブックが分野別に分類され，登録されている．本書では下記の二つを使うので，ダウンロードして使えるように準備しておこう．ダウンロードできるインターネットの URL はときどき変更がある．現時点（平成 21 年 1 月）では http://library.wolfram.com/ を開く．Search のプルダウンメニューから All Collections を選び[RET]．for の右の空白に検索したい項目を入力して ≫ をクリックする．

前 1.6.1　J/Link

　J/Link は MATHEMATICA と Java を結合するソフトウェアで，これを用いると MATHEMATICA から Java を呼ぶことも，Java から MATHEMATICA のカーネルを制御することもできる．本書で用いるグラフィックスの可視化アプレット JavaView 前 1.6.3 は J/Link を用いる．バージョン 4.2 以降は MATHEMATICA に同梱されているが，筆者の場合のようにバージョン 4.1 以前も利用している読者は，そのバージョンに J/Link をインストールしておこう．

1) ダウンロード
Wolfram Library Archive から J/Link を検索して
http://www.wolfram.com/solutions/mathlink/jlink/ にたどりつく．Download*J/Link*3.1.2 をクリック，JLink_3.1.2_Windows.zip

を選択/ダウンロードする。
2) インストール
解凍してできる JLink ディレクトリーを AddOns/Applications ディレクトリー内に移動しておく。

前 1.6.2 ExtendGraphics

これは Tom Wickham-Jones 氏が作成したパッケージである。内容は，同氏の著書：

　Tom Wickham-Jones：
　Mathematica Graphics: Techniques and Applications,
　TELOS/Springer-Verlag（1994）

に詳述されているが，グラフィックスの機能を大幅に拡張するもので，われわれは特に，その中の FieldLines.m を多用する。これは 2 次元，および 3 次元のベクトルの力線を描くためのパッケージである。これを使えるようにするために，

　http://library.wolfram.com/infocenter/Books/3753/

から ExtendGraphics30.zip（156.7 KB）をダウンロードし，解凍する。すると，ディレクトリー ExtendGraphics がつくられ，その中に 38 個のパッケージとノートブック，実行ファイルなどが現れる。その中の FieldLines.m を適当なエディタで開き，次の修正を行う。64，90，118，144 行目の

```
t2 = Part[ sol, 1, 0, 1, 2] ; を
t2 = Part[ sol, 1, 0, 1, 1, 2] ; に修正する。
```

そして，38 個のパッケージファイルを一括して次のディレクトリに保存しておこう．Unix などの他の OS の場合には相当するディレクトリに保存しておく．

```
C:/Program Files/Wolfram Research/Mathematica/*.*
/AddOns/ExtraPackages/ExtendGraphics
```

前 1.6 Wolfram Library Archive の利用

※6 ※7 上位バージョンでは **Graphics`Arrow`** がサポートされないため，26 行から 27 行にかけての

   ,"Graphics`Arrow`"

を削除しておく。

FieldLines この FieldLines.m の使用例を下に示す。この例は，正六角形の頂点に等しい大きさの点電荷があるときの電気力線を求めたものである。

```
In[6]:= << ExtendGraphics`FieldLines`
        xn[n_] := Cos[2 π (n - 1) /6];
          頂点の x 座標
        yn[n_] := Sin[2 π (n - 1) /6];
          頂点の y 座標
        r[x_, y_, n_] := Sqrt[(x - xn[n])^2+
            (y - yn[n])^2];
          頂点からの距離
        ex = Sum[(x - xn[n])/r[x, y, n]^3, {n, 1, 6}];
          電界の x 成分
        ey = Sum[(y - yn[n])/r[x, y, n]^3, {n, 1, 6}];
          電界の y 成分
        eline = Table[FieldLine[
            {x, ex, xn[n] + 0.03 Cos[i π/12]},
            {y, ey, yn[n] + 0.03 Sin[i π/12.]},
            {t, 1}], {i, 24}, {n, 6}];
        Show[Graphics[eline,
           PlotRange → {{-1.5, 1.5}, {-1.5, 1.5}}],
          AspectRatio → Automatic]
```

✎ **? FieldLines** と入力すると

```
FieldLine::usage =
"FieldLine[ {x, ex, x0}, {y, ey, y0}, {t, t1}] will
calculate the field line from the field {ex, ey},
 starting at {x0,y0}, of length t1.  x and y are
the variables of the field and
t is the variable of length down the trajectory."
```

と使用法の説明が帰ってくる。上記の例の場合，力線の始点 **(x0,y0)** として，**(xn[n],yn[n])** から 0.03 の距離をおく 15 度の角度間隔の点としている。力線を描くアルゴリズムは媒介変数 t を用いる **ParametricPlot** によっている。t の最大値 t1 は試行錯誤で選択する。この例では 1 としている。

✎ **eline** は力線に沿う点の座標のリストである。関数 **Show[Graphics[*]]** により表示させる。オプション **PlotRange** は描く範囲を指定するために用いている。

文法 MATHEMATICA® はリストを多用する。リスト **{a,b}** に関数 **f** を作用させたとき，**{f(a),f(b)}** が出力されるとき，関数 **f** は Listable であるという。

文法 Listable でない関数のまま同様に使う方法として，関数 **Map** あるいはその省

略形 **/@** による方法がある。調べてみるとよい。

☞ 入力 **??Sin** により関数 **Sin** の属性を調べてみよ。

前 1.6.3 　JavaView

JavaView はドイツ Freie Universität Berlin の Konrad Polthier 教授により開発された，Java による数学の可視化ソフトウェアである。MATHEMATICA® により作成した 3 次元グラフィックスを表示させ，インタラクティブに縮小，拡大，回転，視点の移動を可能とする。主に下位バージョンのグラフィックス環境で使用する。

MATHEMATICA® の上位バージョンでは，表示された 3 次元グラフィックスはそのままで回転，視点の移動などができる。下位バージョンでもリアルタイム 3D パッケージを，

　　<< RealTime3D`

によりロードすると同様なことができる。しかし，JavaView を用いると Javaview Geomery（jvx ファイル）のファイルが作成され，任意の Java ソフトで利用できる。

JavaView Home Page からダウンロードし，インストールしよう。

1) http:www.javaview.de/ を開く。
2) Download and Installation をクリックし，次のページを開く。
   http:www.javaview.de/download/index.html
3) (1) Installer(MS-Windows only), javaviewWin_setup.exe を選択，保存
4) javaviewWin_setup.exe をクリックして実行。以下の順に進むとインストールできる。
   a) Next
   b) License Agreement →I Agree
   c) User Group →Install JavaView for all users →Next
   d) Choose Install Location D:/Program Files/JavaView →Next (34.5 MB 必要）

e) Choose Components

default のまま：JavaView archives, Sample Models, Applet Tutorial, Integration with Mathematica, File Associations にチェック, Programmers Reference のみアンチェック → Next

f) Mathematica plug-in

MATHEMATICA® ディレクトリーの指定。MATHEMATICA® のホームディレクトリーを指定する。例えば,

```
D:/Program Files/Worfram Research/Mathematica/4.1
```
→Next

g) Choose Start Menu Folder

JavaView '(default) →Install

h) 以下のメッセージが現れたら，インストールが成功。

```
JavaView has been installed on your computer.
```

5) Register online →Finish

http:www.javaview.de/download/registration.html

6) * のマークのある以下の欄に記入する。

```
First Name
Last Name
Country(選択)
Email
Re-enter Email
Please, keep me informed about JavaView updates
```
にチェック（任意）→Submit

`Your Registration was successful!` が表示されれば成功。email でライセンスが得られる。

以下の電子メールを受信。

差出人：support@javaview.de

件　名：JavaView Registration

前 1.6 Wolfram Library Archive の利用

添付ファイル：jv-lic.lic を/JavaView/rsrc/ ディレクトリーに保存する。MATHEMATICA® の JavaView/rsrc/ ディレクトリーにも忘れずに保存しておく。一定の期間が過ぎてライセンスが切れたら，上記のホームページから再び登録する。

JaveView 以下はMATHEMATICA® により3次元グラフィックスを作成し，これを JavaView により可視化した例である。この中に現れる **obj3D** はそれぞれの場合にふさわしい名前に変えるとよい。この例の場合では **dodecahedron** が一案である。

本書において，**JaveView** の表示は，以下の *In[7]* と *In[8]* あるいは *In[9]* の入力を意味すると約束する。

```
In[7]:= 
        <<Version5`Graphics`
            下位バージョンで実行
        <<Graphics`Polyhedra`
        obj3D = Show[Graphics3D[
            Dodecahedron[]], Boxed → False]
```

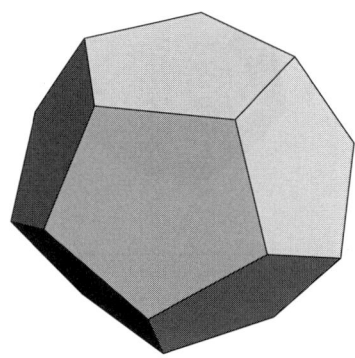

```
In[8]:=   <<JavaView`JLink`
            パッケージの読込み
          InstallJavaView[];
            初期化
          JavaView[obj3D];
            JavaView の起動

In[9]:=   Export["obj3D.jvx",obj3D]
```

図前 1.1 の出力ウィンドウ内でマウスを右クリックし，現れる小ウィンドウ内で，"Rotate"，"Scale"，"Translate"などを選択すると，回転，拡大縮小，平行移動などを行うことができる．上位バージョンで図前 1.1 の結果が得られない場合には，エキスポートした Javaview Geomery（jvx ファイル）のファイル名（ddchdrn.jvx）をダブルクリックすると JavaView が起動する．

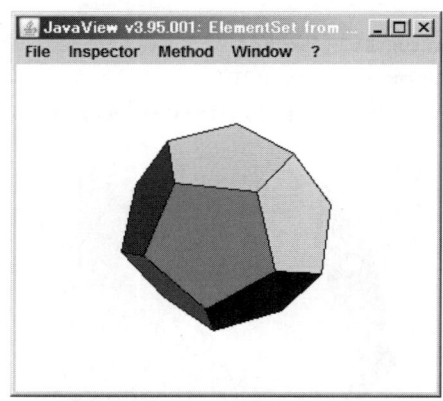

図前 1.1: JavaView による出力ウィンドウ

前2 座標系とベクトル解析

電磁気学は電気的な力をもたらす電界と，磁気的な力をもたらす磁界をその対象とする。電界と磁界は3次元空間に分布するベクトル量である。本章では，電界と磁界の空間分布を記述するための座標系とベクトル解析について，*MATHEMATICA*® ではどのように取り扱うかをまとめておく。

前2.1 座 標 系

碁盤の上の石の位置は，"4の15"のように2個の数の組により一意に表される。3次元空間内の点の位置は (x, y, z) のように，3個の座標によって一意に表される。各座標が一定の面を座標面という。本書では直角座標（cartesian coordinates）：(x, y, z)，円筒座標（cylindrical coordinate）：(ρ, φ, z)，球座標（spherical coordinate）：(r, θ, φ) の三種の座標系を扱う。これらの座標系は，3種の座標面が任意の点で直交している直交座標系である。

MATHEMATICA® 6.0 から導入された関数 **Manipulate** を用いると，各座標系をインタラクティブに表示して，コントロールをマウスで左右に動かすと座標面などを移動して表示できる。以下に三つの座標系における例を示す。直交する三つの座標面の交点から出る短い矢印は三つの座標の単位ベクトルの方向を示す。座標をインタラクティブに変えて，座標面と単位ベクトルの動きを確かめよう。下位バージョンでは Martin Kraus 氏による Java アプレット，

前2. 座標系とベクトル解析

LiveGraphics3D[*1]を用いると同様なことができる。

```
In[1]:= << "MyPackages`axes`"
        前1.5参照
        crd = coord[1.2, 1.2, 1.2]];
```

直角座標系 (x, y, z)

```
In[2]:= Manipulate[
        r = {x, y, z}; dx = {0.3, 0, 0};
        dy = {0, 0.3, 0}; dz = {0, 0, 0.3};
        Show[Graphics3D[{
        Polygon[{{x, -1, -1}, {x, 1, -1}, {x, 1, 1}, {x, -1, 1}}],
        Polygon[{{-1, y, -1}, {1, y, -1}, {1, y, 1}, {-1, y, 1}}],
        Polygon[{{-1, -1, z}, {1, -1, z}, {1, 1, z}, {-1, 1, z}}],
        Arrow[{r, r + dx}], Arrow[{r, r + dy}], Arrow[{r, r + dz}],
        crd}], Boxed → False],
        {{x, 0.2}, -1, 1}, {{y, -0.1}, -1, 1},
        {{z, 0.1}, -1, 1}]
```

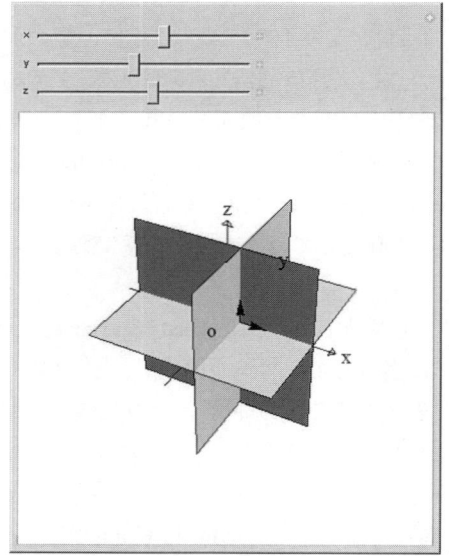

[*1] http://www.informatik.uni-stuttgart.de/~Kraus/LiveGraphics3D/index.html

前 2.1 座標系

円筒座標系 (ρ, φ, z)

```
In[3]:= Manipulate[
    r = {ρ Cos[p], ρ Sin[p], z};
    drho = {0.3 Cos[p], 0.3 Sin[p], z};
    dp = {-0.3 Sin[p], 0.3 Cos[p], 0}; dz = {0, 0, 0.3};
    Show[ Graphics3D[
        {Cylinder[{{0, 0, -1}, {0, 0, 1}}, ρ],
        Polygon[{{0, 0, -1}, {Cos[p], Sin[p], -1},
            {Cos[p], Sin[p], 1}, {0, 0, 1}}],
        Polygon[{{-1, -1, z}, {1, -1, z},
            {1, 1, z}, {-1, 1, z}}], crd,
        Arrow[{r, r + drho}], Arrow[{r, r + dp}],
        Arrow[{r, r + dz}] }], Boxed → False],
    {{ρ, 0.5, "ρ"}, 0, 1}, {{p, π/6, "φ"}, 0, 2π},
    {{z, 0.1}, -1, 1}]
```

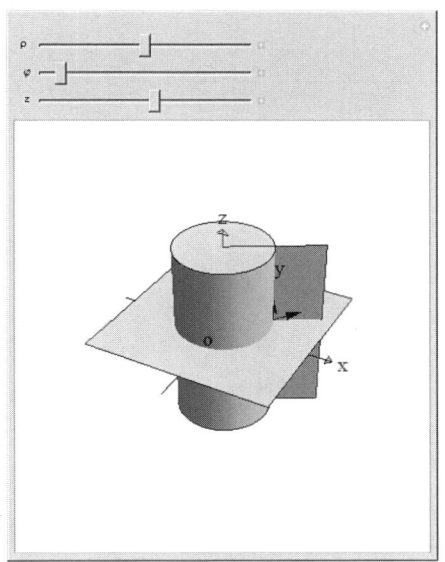

曲線座標系では位置の移動と共に単位ベクトルの向きが変化する。

球座標系 (r, θ, φ)

```
In[4]:= Manipulate[
        vr = {r Sin[t] Cos[p], r Sin[t] Sin[p], r Cos[t]};
        dr = {0.3 Sin[t] Cos[p], 0.3 Sin[t] Sin[p], 0.3 Cos[t]};
        dt = {0.3 Cos[t] Cos[p], 0.3 Cos[t] Sin[p], -0.3 Sin[t]};
        dp = {-0.3 Sin[p], 0.3 Cos[p], 0};
        Show[Graphics3D[{
        Sphere[{0, 0, 0}, r],
        Cone[{{0, 0, Cos[t]}, {0, 0, 0}}, Sin[t]],
        Polygon[{{0, 0, -1}, {Cos[p], Sin[p], -1},
           {Cos[p], Sin[p], 1}, {0, 0, 1}}],
        Arrow[{vr, vr + dr}], Arrow[{vr, vr + dt}],
           Arrow[{vr, vr + dp}],
        crd}], Boxed → False, ViewPoint → {2, -3, 1}],
        {{r, 0.5}, 0, 1}, {{t, 3π/4, "θ"}, 0, π},
        {{p, -2π/5, "φ"}, -π, π}]
```

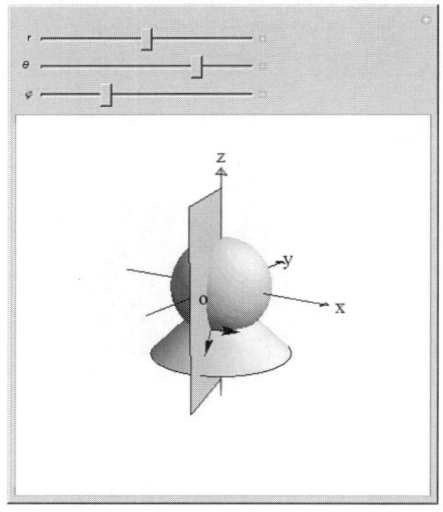

円錐面 ($\theta =$ 一定) はプログラムの簡単化のために円錐体としている。

前 2.2 ベクトル解析

ベクトル解析のために MATHEMATICA に用意されている関数をまとめておく。それらを使うためには，まずパッケージ **VectorAnalysis** をロードする。

```
In[5]:= << Calculus`VectorAnalysis`
        << VectorAnalysis`
```

今後，この作業は何度も行うので，上記のパッケージ **VectorAnalysis** の読込み In[5] の全体を次の記号で表すことにする。

$\boxed{\text{VectorAnalysis}}$

前 2.2.1 基本座標系の関係

> **演習問題 前 2.1** 基本座標系の直角座標系，円筒座標系と球座標系について，各座標系の座標がとる値の範囲と相互の関係を，MATHEMATICA を用いて調べよ。

```
In[6]:= VectorAnalysis
        CoordinateRanges[Cartesian]
          デカルト座標系座標の範囲
```

$Out[6]= \{-\infty < Xx < \infty, -\infty < Yy < \infty, -\infty < Zz < \infty\}$

```
In[7]:= CoordinateRanges[Cylindrical]
          円筒座標系座標の範囲
```

$Out[7]= \{0 \leq Rr < \infty, -\pi < Ttheta \leq \pi, -\infty < Zz < \infty\}$

```
In[8]:= CoordinateRanges[Spherical]
          球座標系座標の範囲
```

$Out[8]= \{0 \leq Rr < \infty, 0 \leq Ttheta \leq \pi, -\pi < Pphi \leq \pi\}$

In[9]:= **CoordinatesToCartesian[{ρ, φ, z}, Cylindrical]**
　　　円筒座標からデカルト座標への変換

Out[9]= {ρ Cos[φ], ρ Sin[φ], z}

In[10]:= **CoordinatesToCartesian[{r, θ, φ}, Spherical]**
　　　球座標からデカルト座標への変換

Out[10]= {r Cos[φ] Sin[θ], r Sin[θ] Sin[φ], r Cos[θ]}

In[11]:= **CoordinatesFromCartesian[{x, y, z}, Cylindrical]**
　　　デカルト座標から円筒座標への変換

Out[11]= $\{\sqrt{x^2+y^2}, \text{ArcTan}[x, y], z\}$

In[12]:= **CoordinatesFromCartesian[{x, y, z}, Spherical]**
　　　デカルト座標から球筒座標への変換

Out[12]= $\{\sqrt{x^2+y^2+z^2}, \text{ArcCos}\left[\frac{z}{\sqrt{x^2+y^2+z^2}}\right], \text{ArcTan}[x, y]\}$

前 2.2.2　ベクトルの微分

ベクトルに関係した微分に関する，次の関数が使えるようにしよう。

- 勾配：grad
- 発散：div
- 回転：curl, rot
- ラプラシアン：∇^2

演習問題　前 2.2　直角座標系で三つのベクトルが次のように定義されている。

$$a1 = \{1, \pi/6, 2\};\quad a2 = \{2, \pi/2, -2\};\quad a3 = \{3, 3\pi/2, 1\}$$

スカラー積 $a1 \cdot a2$，ベクトル積 $a1 \times a2$，スカラー3重積 $a1 \cdot (a2 \times a3)$，$a1 \cdot (a3 \times a2)$，を求めよ。

2.2 ベクトル解析

```
In[13]:= VectorAnalysis
        a1 = {1, π/6, 2}; a2 = {2, π/2, -2}; a3 = {3, 3 π/2, 1};
        DotProduct[a1, a2]
```
ベクトルの内積，**Dot** と異なり，座標系を指定できる。

```
Out[13]= -3

In[14]:= CrossProduct[a1, a2]
```
ベクトルの外積，**Cross** と異なり，座標系を指定できる。

$$Out[14]= \left\{2\sqrt{7},\ \pi - \text{ArcTan}\left[\frac{\sqrt{3}}{5}\right],\ \sqrt{3}\right\}$$

```
In[15]:= ScalarTripleProduct[a1, a2, a3]
```
$Out[15]= -2\sqrt{3}$

```
In[16]:= ScalarTripleProduct[a1, a3, a2]
```
$Out[16]= 2\sqrt{3}$

演習問題 前 2.3 スカラー関数 $v = xy^2z^3$ の勾配を求めてベクトル A を求め，この A の発散，回転を求めよ。v のラプラシアンとこれらの関係を調べよ。

```
In[17]:= VectorAnalysis
        v = x y^2 z^3
        gv = Grad[v]
```
$Out[17]= \{y^2 z^3,\ 2xyz^3,\ 3xy^2z^2\}$

```
In[18]:= Div[gv]
```
$Out[18]= 6xy^2z + 2xz^3$

```
In[19]:= Curl[gv]
```
$Out[19]= \{0, 0, 0\}$

```
In[20]:= Laplacian[v]
```
$Out[20]= 6xy^2z + 2xz^3$

演習問題 前 2.4 次の恒等式が成り立つことを *MATHEMATICA* により確かめよ。

$$\mathrm{div}\,\mathrm{rot}\,A = 0 \tag{前 2.1}$$

$$\mathrm{rot}\,\mathrm{grad}\,V = 0 \tag{前 2.2}$$

```
In[21]:= VectorAnalysis
         A = {Ax[x, y, z], Ay[x, y, z], Az[x, y, z]};
         B = Curl[A, Cartesian[x, y, z]]
         Div[B]
Out[21]= {-Ay^(0,0,1)[x, y, z] + Az^(0,1,0)[x, y, z],
          Ax^(0,0,1)[x, y, z] - Az^(1,0,0)[x, y, z],
          Ax^(0,1,0)[x, y, z] + Ay^(1,0,0)[x, y, z]}
Out[21]= 0

In[22]:= F = Grad[V[x, y, z], Cartesian[x, y, z]]
         Curl[F, Cartesian[x, y, z]]
Out[22]= {V^(1,0,0)[x, y, z], V^(0,1,0)[x, y, z], V^(0,0,1)[x, y, z]}
Out[22]= {0, 0, 0}
```

演習問題 前 2.5 ベクトルのラプラシアンを *MATHEMATICA* により求めて、次の関係が成り立つことを確かめよ。

$$\nabla^2 A = -\nabla \times \nabla \times A + \nabla(\nabla \cdot A) \tag{前 2.3}$$

```
In[23]:= VectorAnalysis
         SetCoordinates[Cartesian[x, y, z]];
         A = {Ax[x, y, z], Ay[x, y, z], Az[x, y, z]};
         Laplacian[A] - (-Curl[Curl[A]] + Grad[Div[A]])
Out[23]= {0, 0, 0}
```

演習問題 前 2.6 円筒座標系 (ρ, φ, z) において、$\nabla^2 A$ と $\hat{\rho}\nabla^2 A_\rho + \hat{\varphi}\nabla^2 A_\varphi + \hat{z}\nabla^2 A_z$ との差を求めよ。また、球座標系 (r, θ, φ) において、$\nabla^2 A$ と $\hat{r}\nabla^2 A_r + \hat{\theta}\nabla^2 A_\theta + \hat{\varphi}\nabla^2 A_\varphi$ との差を求めよ。

```
In[24]:= VectorAnalysis
```

前2.2 ベクトル解析

```
In[25]:= SetCoordinates[Cylindrical[r,p,z]];
         円筒座標系
         A = {Ar[r,p,z],Ap[r,p,z],Az[r,p,z]};
         Simplify[Laplacian[A]-
             {Laplacian[Ar[r,p,z]],Laplacian[Ap[r,p,z]],
             Laplacian[Az[r,p,z]]}]
```

$$Out[25]= \left\{ -\frac{1}{r^2}(\text{Ar}[r,p,z] + 2\,\text{Ap}^{(0,1,0)}[r,p,z]), \right.$$
$$\left. -\frac{1}{r^2}(\text{Ap}[r,p,z] - 2\,\text{Ar}^{(0,1,0)}[r,p,z]), 0 \right\}$$

```
In[26]:= SetCoordinates[Spherical[r,t,p]];
         球座標系
         A = {Ar[r,t,p],At[r,t,p],Ap[r,t,p]};
         Simplify[Laplacian[A]-
             {Laplacian[Ar[r,t,p]],Laplacian[At[r,t,p]],
             Laplacian[Ap[r,t,p]]}]
```

$$Out[26]= \left\{ -\frac{1}{r^2} \right.$$
$$(2\,(\text{Ar}[r,t,p] + \text{At}[r,t,p]\,\text{Cot}[t] +$$
$$\text{Csc}[t]\,\text{Ap}^{(0,0,1)}[r,t,p] + \text{At}^{(0,1,0)}[r,t,p])),$$
$$-\frac{1}{r^2}(\text{At}[r,t,p]\,\text{Csc}[t]^2 + 2\,\text{Cot}[t]\,\text{Csc}[t]$$
$$\text{Ap}^{(0,0,1)}[r,t,p] - 2\,\text{Ar}^{(0,1,0)}[r,t,p]),$$
$$\frac{1}{r^2}(\text{Csc}[t]^2\,(-\text{Ap}[r,t,p] + 2\,\text{Sin}[t]\,\text{Ar}^{(0,0,1)}[r,t,p] +$$
$$\left. 2\,\text{Cos}[t]\,\text{At}^{(0,0,1)}[r,t,p])) \right\}$$

✎ 上の計算を筆算で行うことを勧める。骨の折れる作業であるが，これができたら大いに自信をもてるであろう。このとき，下のような単位ベクトルの微分の公式を導いておいて用いるとよい。

$$\frac{\partial \hat{\rho}}{\partial \varphi} = \hat{\varphi}, \ \frac{\partial \hat{\varphi}}{\partial \varphi} = -\hat{\rho}$$

$$\frac{\partial \hat{r}}{\partial r} = 0, \ \frac{\partial \hat{r}}{\partial \theta} = \hat{\theta}, \ \frac{\partial \hat{r}}{\partial \varphi} = \sin\theta\,\hat{\varphi}$$

$$\frac{\partial \hat{\theta}}{\partial \theta} = -\hat{r}, \ \frac{\partial \hat{\theta}}{\partial \varphi} = \cos\theta\,\hat{\varphi}$$

$$\frac{\partial \hat{\varphi}}{\partial \varphi} = -\hat{r}\sin\theta - \hat{\theta}\cos\theta$$

本編

MATHEMATICA による
電磁気学ラボラトリー

1 電荷と静電界

学習項目
- ♣ 電荷と電流の正体と両者の関係（連続の方程式）
- ♣ ガウスの定理
- ♣ 座標系とベクトル解析の復習
- ♣ 真空中の点電荷のつくる電界（クーロン電場）
- ♣ 分布電荷のつくる電界の求め方

1.1 電荷と電流

電磁気学の対象は電界と磁界である。これらをつくり出す源は電荷と電流である。電荷が動くと電流が流れる。静止した電荷は静電界をつくる。時間的に定常的な電流は静磁界をつくる。3次元的に分布する電流と電荷は電流密度ベクトル i と電荷密度 ρ により表すが，i と ρ は次の**連続の方程式**で関係づけられる。

$$\mathrm{div}\, i + \frac{\partial \rho}{\partial t} = 0 \tag{1.1}$$

これは電流の電荷を用いた定義と**電荷保存則**から導くことができる。すなわち，閉曲面 S をよぎって流れ出る電流があると，S が囲む領域 V 内の電荷量は減少する。流れ出る全電流は電荷量の減少率に等しい。したがって

$$\oiint_S i \cdot \hat{n}\, dS = -\iiint_V \frac{\partial \rho}{\partial t} dV \tag{1.2}$$

ここに，$\hat{n}$ は S 上の外向き法線方向の単位ベクトルである。**ガウスの発散定理**を用いると式 (1.1) と式 (1.2) は等価であることを示すことができる。

1.1 電荷と電流

連続の方程式は電気回路における**キルヒホッフの電流則**（キルヒホッフの第一法則）に相当する。

演習問題 1.1 x軸に平行な導線上の電流が次式で表されている。$x = 0$ の点をよぎって電流 I が $x > 0$ のほうに流れると，$x < 0$ の領域の電荷が減少する。電流が次式で与えられるとして，電流と電荷の関係を考えよう。

$$I = \hat{x} I_0 \exp\left(-\frac{(x - vt)^2}{2\alpha^2}\right) \tag{1.3}$$

(1) 電荷線密度 λ を求めよ。ただし，$|x| \to \infty$ および $t < 0$ で λ は 0 とする。

(2) $x < 0$ の領域にある電荷の総量 Q を t の関数として求めよ。そして，$x = 0$ における電流 $\hat{x} I(t)$ に対して次式を証明せよ。これは式 (1.2) の 1 次元の場合の表現である。

$$\frac{dQ}{dt} + I = 0 \tag{1.4}$$

$In[1]:=$ `VectorAnalysis` 前 2.2 参照
`SetCoordinates[Cartesian[x, y, z]];`
$i[x_-, t_-] := i_0 \{e^{-\frac{(x-vt)^2}{2\alpha^2}}, 0, 0\};$
$f[x_-, t_-] = -\text{Div}[i[x, t], \text{Cartesian}]$

$Out[1]= \dfrac{e^{-\frac{(-tv+x)^2}{2\alpha^2}} (-tv + x)\, i_0}{\alpha^2}$

$In[2]:= \lambda[x_-, t_-] = \text{Integrate}[f[x, t'], \{t', -\infty, t\},$
`GenerateConditions → False,`
`Assumptions → {v > 0, α > 0}]`

$Out[2]= \dfrac{1}{2v\alpha}$
$\Bigg(\Bigg(2 e^{-\frac{(-tv+x)^2}{2\alpha^2}} \alpha + \sqrt{2\pi}\,(-tv + x)\, \text{Erf}\Big[\dfrac{tv - x}{\sqrt{2}\alpha}\Big] +$
$\sqrt{2\pi}\sqrt{(-tv+x)^2}\, \text{Erf}\Big[\dfrac{\sqrt{(-tv+x)^2}}{\sqrt{2}\alpha}\Big]\Bigg) i_0\Bigg)$

1. 電荷と静電界

$In[3]:=$ `λ[x_, t_] :=` $\dfrac{e^{-\frac{(-tv+x)^2}{2\alpha^2}} i_0}{v}$ `;`
　　　誤差関数 **Erf** は奇関数であるので，このように簡単化できる。

$In[4]:=$ `Q[t_] = Integrate[λ[x', t], {x', -∞, 0},`
　　　　`GenerateConditions → False,`
　　　　`Assumptions → α > 0]`

$Out[4]=$ $-\dfrac{\sqrt{\tfrac{\pi}{2}}\,\alpha\left(-1+\mathrm{Erf}\left[\tfrac{tv}{\sqrt{2}\,\alpha}\right]\right) i_0}{v}$

$In[5]:=$ `∂_t Q[t] + i[0, t].{1, 0, 0}`
　　　式 (1.4) が成り立つことを確かめる。

$Out[5]=$ `0`

$In[6]:=$ `i_0 = 1; v = 3; α = 1;`
　　　`Plot[{i[0, t].{1, 0, 0}, Q[t]}, {t, -3, 3},`
　　　　`PlotStyle → {Thickness[0.015],`
　　　　　`Thickness[0.005]}]`
　　　具体例に対して，電流と電荷の時間変化を図示する。

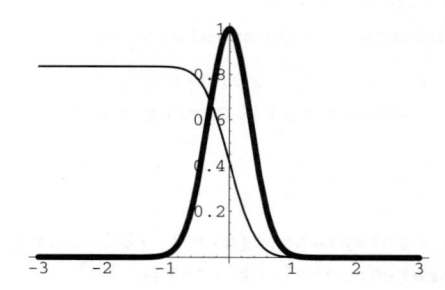

$In[7]:=$ `[Animation]` 前 **1.2.2** 参照
　　　`Animate[Plot[{i[x, t][[1]], λ[x, t]}, {x, -3, 3},`
　　　　`PlotStyle → {Thickness[0.015],`
　　　　　`Thickness[0.005]}, PlotRange → {0, 1}], {t, -1, 1}]`
　　　電流分布と電荷分布を動画により理解する。

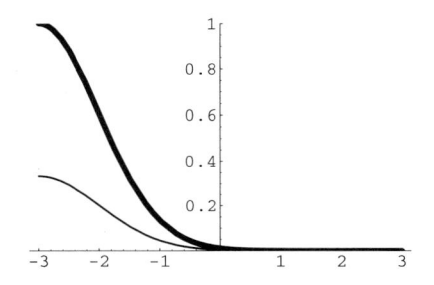

> [文法] 積分の関数 **Integrate** はバージョンアップごとに，変数の値に対して場合分けを几帳面に行うように改良が繰り返されている。電磁気学のように変数の値が実数であるとか，正であることが自明の場合には，この場合分けは煩わしい。これを避けるにはオプション：**GenerateConditions->False** を含めるとよい。

1.2 クーロンの法則

　静止した電荷間の力の関係は，古来，実験が繰り返されて精密化されてきた。キャベンディッシュ，クーロン，マクスウェルなどの実験が歴史的に有名である。クーロンの法則としてまとめられ，「力は二つの電荷を結ぶ直線方向に，電荷量の積に比例し距離の n 乗に反比例する。二電荷が同符号のとき斥力，異符号のとき引力となる」。n は実験により16桁以上の精度で2に等しいことがわかっている。電磁気学は，その後に続く数多くの実験が繰り返されて完成したが，**相対性理論**とクーロンの法則を組み合わせることによりすべての法則が理論的に導き出せることがわかっている。$n = 2$ を認めると，距離 r だけ離れた電荷 Q_1 と Q_2 の間のクーロンの法則に従う力（**クーロン力**）は次のように表せる。ここに，ε_0 は真空の**誘電率**である。

$$F = \frac{Q_1 Q_2}{4\pi\varepsilon_0 r^2} \tag{1.5}$$

☞ クーロンの法則を三座標系で表しなさい。

「ある点に単位点電荷を置いたとき，単位点電荷に働く力」をその点の**電界**と定義する．電界のある空間は電荷が力を受ける場であり，電界を**電場**と呼ぶこともある．**点電荷**とは一点に集中した電荷のことで，**単位点電荷**は大きさが1の点電荷のことである．時間的に変化しない電界を**静電界**という．点電荷 Q〔C〕が座標原点にあるとき，電界は $E = \dfrac{Q}{4\pi\varepsilon_0 r^2}$ に等しい．r は電界を観測する点の原点からの距離であり，球座標の r に一致する．電界の向きは r の増大する方向であるので

$$\begin{aligned}
E &= \frac{Q}{4\pi\varepsilon_0 r^2}\hat{r} \\
&= \frac{Q(\hat{x}x + \hat{y}y + \hat{z}z)}{4\pi\varepsilon_0(x^2+y^2+z^2)^{3/2}} = \frac{Q(\hat{\rho}\rho + \hat{z}z)}{4\pi\varepsilon_0(\rho^2+z^2)}
\end{aligned} \qquad (1.6)$$

電磁気学の中核であるクーロンの法則の理解を深めよう．点電荷の近くに入り込んだら，電界はどのように感じられるのだろうか．この逆二乗の法則を **JavaView** により仮想現実の世界で体験しよう．

> **演習問題** *1.2* クーロン電場の模様を理解するために，次を入力して実行してみよ．

```
In[8]:=  << Version5`Graphics`
         << Graphics`PlotField3D`
         << "MyPackages`axes`"
         前 1.5 で作成したパッケージを読み出す．
         gxyz = Graphics3D[coord[1, 1, 1]];
         r[x_, y_, z_] := Max[0.1, √(x² + y² + z²)]
         e = PlotVectorField3D[ {x, y, z}/r[x, y, z]³ ,
            {x, -1, 1}, {y, -1, 1}, {z, -1, 1},
            Boxed → False, VectorHeads → True,
            DisplayFunction → Identity]
         obj3D = Show[{e, gxyz}, DisplayFunction →
             $DisplayFunction];
```

上位バージョンでは
DisplayFunction → DisplayFunction は不要．

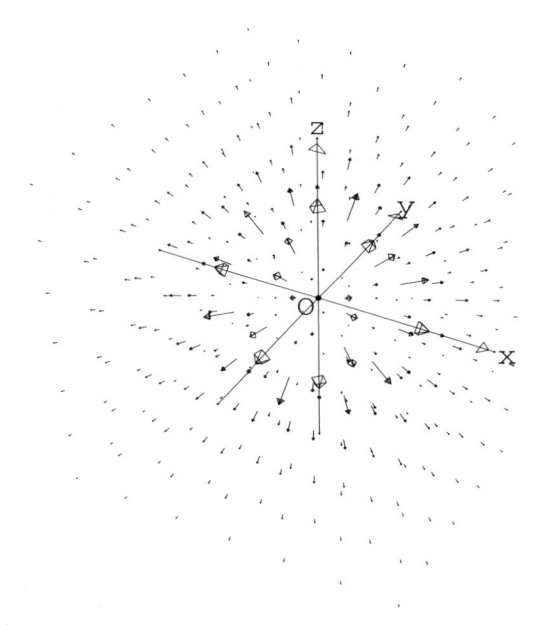

`JaveView` 前 1.6.3 参照

1.2.1 正負2点電荷のつくる電界の力線

電界の力線，**電気力線**，は次の法則に従って描くのが正しい。
(1) 正の電荷から発し，負の電荷に終わる。あるいは正電極から発し，負電極に終わる。無限遠は電位ゼロとするので，一つの電極になり得る。
(2) 力線が曲線の場合，接線の向きが電界の向きに一致する。
(3) 力線の密度が電界の大きさに等しい。

演習問題 *1.3* 2点電荷のまわりの電気力線を3次元的に表示せよ。一つの電荷を1Cとし，他の一つの電荷を **q2** としてプログラムし，$q2 = \pm 1$ の場合を実行せよ。

---

1. 電荷と静電界

> 実は，電気力線を平面上に 2 次元グラフとして正確に描くことはできない．これは平面上の力線の図は 3 次元空間に分布する力線の射影であり，電界の大きさを力線の密度として描くことは不可能だからである．本節では，二つの点電荷のつくる電界の力線を正確に描くことに挑戦する（世界初の試みかもしれない）．それは 3 次元グラフィックスを自在に回転して平面上に示せば可能となる．

```
In[9]:=  << "ExtendGraphics`FieldLines`";
         ex1 = (x - 1)/√((x - 1)² + y² + z²)³ ; ex2 = (x + 1)/√((x + 1)² + y² + z²)³ ;
         ey1 = y/√((x - 1)² + y² + z²)³ ; ey2 = y/√((x + 1)² + y² + z²)³ ;
         ez1 = z/√((x - 1)² + y² + z²)³ ; ez2 = z/√((x + 1)² + y² + z²)³ ;
         dir = << "vt20.dat";

In[10]:= g3d[q2_, ge_] :=
           Module[{ex, ey, ez, eline1, eline2},
             ex = ex1 + q2 * ex2; ey = ey1 + q2 * ey2;
             ez = ez1 + q2 * ez2; pm = Sign[q2];
             eline1 =
               Table[FieldLine3D[
                 {x, ex, 1 + 0.05 dir[[i, 1]]},
                 {y, ey, 0.05 dir[[i, 2]]},
                 {z, ez, 0.05 dir[[i, 3]]}, {t, 4}],
                 {i, 1, 20}];
             eline2 =
               Table[FieldLine3D[
                 {x, pm * ex, -1 + 0.05 dir[[i, 1]]},
                 {y, pm * ey, 0.05 dir[[i, 2]]},
                 {z, pm * ez, 0.05 dir[[i, 3]]}, {t, 4}],
                 {i, 1, 20}];
             ge = Show[Graphics3D[{eline1, eline2}],
               AspectRatio → Automatic, Boxed → False,
               ViewPoint → {0, 1, 0}];
           ]
```

q1 = 1 に対して **q2** を変数とする電気力線の描画プログラム

In[11]:= **g3d[1.,obj3D];**
同符号の **2** 点電荷による電気力線

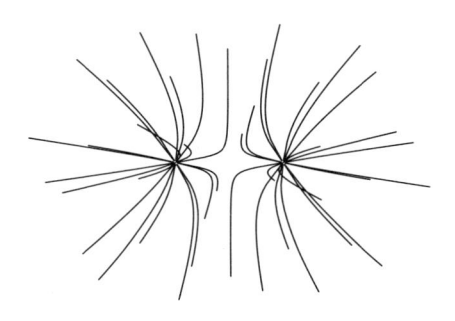

JaveView

In[12]:= **g3d[-1,g2]**
異符号の **2** 点電荷による電気力線

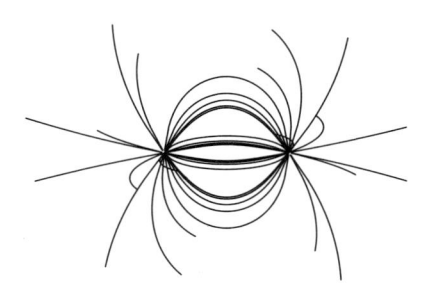

JaveView

1.2.2 ランダムに分布する点電荷群

自然界は電気からできていると言っても誤りではない。われわれの体もそうである。しかし，正負の電荷がバランスしているために，その影響が外に現れない。

演習問題 1.4 正負同数の電荷がランダムに分布する場合の電界分布を計算して，どのようになるかを調べてみよう。

(1) 正負 500 個ずつの素電荷が $0 < x < 1, 0 < y < 1, z = 0$ の面上に不規則に位置しているとしよう。まず，その位置を乱数によって定め，正電荷を黒丸，負電荷を白丸で図示しよう。

(2) 観測点の座標を $(0.5, 0.5, z)$ とし，電界の三成分の z 依存性を計算して図示しよう。一つの正電荷の z 依存性と比較せよ。この結果から，それぞれが z^{-n} に比例すると考えられる。それぞれに対して，n を求めて，なぜこのようになるかを考えよう。

```
In[13]:= n = 1000;
        b = Table[Random[], Random[], n];
           1000個の素電荷の位置座標
        c = Table[Graphics[Circle[b[[i]], 0.01]], i, 1, n - 1, 2];
           奇数番号を負電荷とする。
        d = Table[Graphics[Disk[b[[i]], 0.01]], i, 2, n, 2];
           偶数番目を正電荷とする。
        Show[c, d, AspectRatio- >Automatic]
```

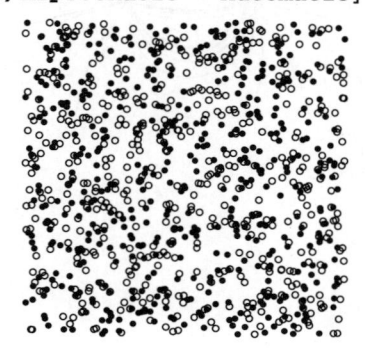

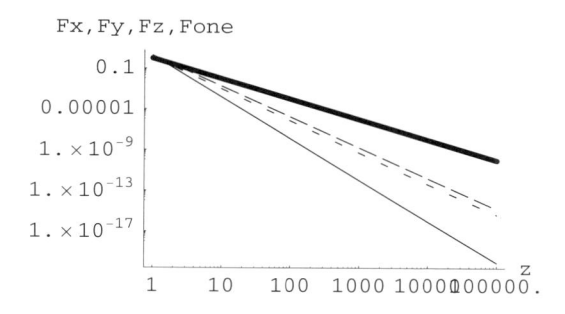

```
In[14]:= Off[General :: "spell1"]
        fx[x_, y_, z_] := (-x + 0.5)/Sqrt[(0.5 - x)^2 + y^2 + z^2]^3;
        fy[x_, y_, z_] := (-y + 0.5)/Sqrt[x^2 + (0.5 - y)^2 + z^2]^3;
        fz[x_, y_, z_] := z/Sqrt[x^2 + y^2 + z^2]^3;

In[15]:= fxsum[z_] := Sum[(-1)^i fx[b[[i, 1]], b[[i, 2]], z], {i, 1, n}]
        fysum[z_] := Sum[(-1)^i fy[b[[i, 1]], b[[i, 2]], z], {i, 1, n}]
        fzsum[z_] := Sum[(-1)^i fz[b[[i, 1]], b[[i, 2]], z], {i, 1, n}]

In[16]:= << "Graphics`Graphics`"
        LogLogPlot[
          {Abs[fxsum[z]], Abs[fysum[z]], Abs[fzsum[z]], 1/z^2},
          {z, 1, 10^5}, PlotStyle -> {Dashing[{0.05, 0.02}],
          Dashing[{0.02, 0.05}], RGBColor[0, 0, 0],
          Thickness[0.015]}, PlotRange -> All,
          AxesLabel -> {"z", "Fx, Fy, Fz, Fone"}]
```

電界の x 成分と y 成分は $n = 3$, z は $n = 4$ となっていることは興味深い。一つの点電荷に対する電界（式 (1.6)：$n = 2$）との差異が顕著である。

1.2.3 分布電荷による静電界

線上に分布する**線電荷**，面上に分布する**面電荷**による電界は点電荷による電界を，順次，積分することによって求められる．以下の結果を記憶しておこう．

♣ z 軸上の無限長線電荷による電界：線密度 λ，直線からの距離 ρ に対して

$$E = \hat{\rho}\frac{\lambda}{2\pi\varepsilon_0 \rho}$$

♣ xy 面上の無限に広がった面電荷による電界：面密度 σ，xy 面からの距離 d に対して

$$E = \hat{z}\frac{\sigma}{2\varepsilon_0 d}$$

演習問題 1.5 図 **1.1** に示すように，z 軸上 $-\dfrac{h}{2} \leq z \leq \dfrac{h}{2}$ の範囲に密度 λ の線電荷がある．

(1) xy 平面上にあり，原点からの距離が ρ の点 P における電界 $E(\rho)$ を求めよ．

(2) $E(\rho)$ は $h \gg \rho$ と $h \ll \rho$ のそれぞれの場合にどのように近似できるか．近似式を予想し，それが数学的に導けるかどうか試みよ．

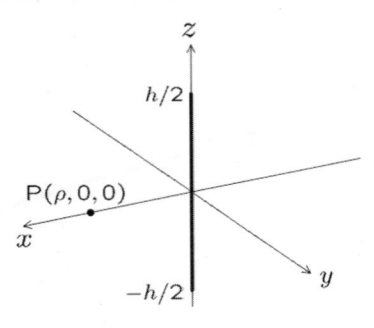

図 **1.1**: 有限長線電荷

```
In[17]:= e[ρ_] = Integrate[ λρ/((4πε₀(ρ²+z²))√(ρ²+z²)),
          {z, -h/2, h/2}, GenerateConditions → False]
```
電界を線積分により求める。

$$Out[17] = \frac{h\lambda}{4\pi\rho\sqrt{\frac{h^2}{4}+\rho^2}\,\epsilon_0}$$

```
In[18]:= Series[e[ρ], {ρ, 0, 2}]
```
電界を ρ によりべき級数展開する。

$$Out[18] = \frac{h\lambda}{2\sqrt{h^2}\,\pi\epsilon_0} - \frac{\lambda\rho}{h\sqrt{h^2}\,\pi\epsilon_0} + O[\rho]^3$$

第1項は無限長線電荷による電界に等しい。

```
In[19]:= Series[e[ρ], {h, 0, 2}]
```
電界を **h** によりべき級数展開する。

$$Out[19] = \frac{\lambda h}{4\pi\rho\sqrt{\rho^2}\,\epsilon_0} + O[h]^3$$

第1項は $Q = \lambda h$ の点電荷による電界に等しい。

1.2.4 ガウスの定理と立体角

対称性のある分布電荷による電界は，クーロンの法則を直接積分するのではなく，**ガウスの定理**を用いると容易に求められることがある。ガウスの定理を理解するために，まず**立体角**を理解する必要がある。

立体角はある物体を一点から見たときの，立体的な広がりの程度を表す量であり xy 面上にある面 S を z 軸上の点 $(0, 0, d)$ から見たときの立体角 ω は次式で計算される。

$$\omega = \iint_S \frac{d}{(x^2+y^2+d^2)^{3/2}}\, dx\, dy \tag{1.7}$$

記憶すべき例の一つに円板を中心に垂直な線上の点から見たときの立体角がある。円板の周に至る線分と中心に至る線分がなす角を θ とすると

$$\omega = 2\pi(1 - \cos\theta) \tag{1.8}$$

演習問題 1.6 $|x| \leq 1, |y| \leq 1, z = 0$ の方形領域を垂直距離 d の点 $(0, 0, d)$ から見込む立体角を MATHEMATICA により求めよ。次に，$d \ll 1$ と $d \gg 1$ に対する近似式を求め，その意味を考えよ。

1. 電荷と静電界

```
In[20]:= f[d_] = Integrate[d/Sqrt[x^2 + y^2 + d^2]^3, {x, -1, 1},
          {y, -1, 1}, GenerateConditions -> False]
```

$$Out[20]= 4\,\text{ArcTan}\left[\frac{1}{d\sqrt{2+d^2}}\right]$$

```
In[21]:= << "Graphics`Graphics`"
         LogLogPlot[f[d]/π, {d, 0.01, 100},
           PlotRange -> All,
           AxesLabel -> {"d", "Solid Angle/π"}];
```

```
In[22]:= Series[f[d], {d, 0, 5}]
```
　　　　　d が微小であるときの近似式を求める。

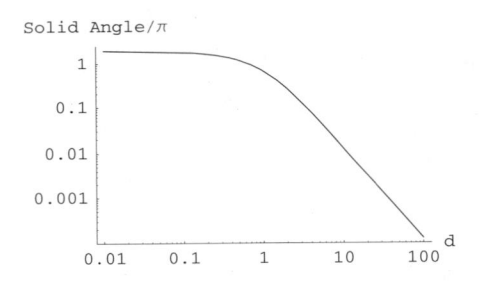

$$Out[22]= 2\pi - 4\sqrt{2}\,d + \frac{5\sqrt{2}\,d^3}{3} + \frac{4}{5}\left(\frac{21}{16\sqrt{2}} - 2\sqrt{2}\right)d^5 + O[d]^6$$

```
In[23]:= Series[f[1/di], {di, 0, 5}]
```
　　　　　d が大きいときの近似式を求める。di = 1/d について展開する。

$$Out[23]= 4\,di^2 - 4\,di^4 + O[di]^6$$

　点電荷 Q による電界 $E(r)$ は，

$$4\pi r^2 \hat{r} \cdot \varepsilon_0 E = Q$$

を満たす。つまり，点電荷を囲む球面の面積を $\varepsilon_0 E$ にかけると，点電荷の大きさに等しい。これは，クーロン電場が r^2 に反比例し，面積が r^2 に比例することによる。この関係は，領域 V 内の任意の電荷分布 ρ に対して成り立ち，次式のように表される。S は V を囲む任意の閉曲面である。この関係を**ガウスの定理**という。

$$\oiint_S \varepsilon_0 \boldsymbol{E} \cdot d\boldsymbol{S} = \iiint_V \rho \, dV \tag{1.9}$$

1.3　問題を解こう

> **演習問題 1.7**　幅 w，面密度 σ のリボン状の面電荷が x 軸を中心軸として xy 面上にある。z 軸上の点 $(0,0,z)$ の電界を求め，$z \ll w$ と $z \gg w$ の場合に対して近似式を求めよ。

$In[24]:=$ `ez[z_, w_] = Integrate[`$\dfrac{\mathtt{z}}{\mathtt{y}^2+\mathtt{z}^2}$`,`
 `{y, -`$\dfrac{\mathtt{w}}{2}$`,` $\dfrac{\mathtt{w}}{2}$`}, GenerateConditions → Fasle]`

$Out[24]=$ $2 \, \mathrm{ArcTan}\left[\dfrac{\mathtt{w}}{2\,\mathtt{z}}\right]$

$In[25]:=$ `ez[zw, 1]`

$Out[25]=$ $2 \, \mathrm{ArcTan}\left[\dfrac{1}{2\,\mathtt{zw}}\right]$

$In[26]:=$ `Series[ez[zw, 1], {zw, 0, 5}]`

$Out[26]=$ $\pi - 4\,\mathtt{zw} + \dfrac{16\,\mathtt{zw}^3}{3} - \dfrac{64\,\mathtt{zw}^5}{5} + O[\mathtt{zw}]^6$

$In[27]:=$ `Series[ez[1, wz], {wz, 0, 5}]`

$Out[27]=$ $\mathtt{wz} - \dfrac{\mathtt{wz}^3}{12} + \dfrac{\mathtt{wz}^5}{80} + O[\mathtt{wz}]^6$

44   1. 電荷と静電界

> **演習問題** *1.8* xy 面上に, 半径 a の円板上に, 面密度 σ の面電荷がある. 円板の中心を座標原点として z 軸上で電界を求め, $z \ll a$ と $z \gg a$ の場合に対して近似式を求めよ n.

$In[28]:=$ **ez[a_, z_] = $\dfrac{1}{2\epsilon}$ (σ Integrate[$\dfrac{z\,r}{(r^2+z^2)^{3/2}}$, {r, 0, a}, GenerateConditions → False])**

$Out[28]=$ $\dfrac{z\left(\dfrac{1}{\sqrt{z^2}} - \dfrac{1}{\sqrt{a^2+z^2}}\right)\sigma}{2\epsilon}$

$In[29]:=$ **Series[ez[1, za], {za, 0, 5}]**

$Out[29]=$ $\dfrac{\sigma}{2\epsilon} - \dfrac{\sigma\,za}{2\epsilon} + \dfrac{\sigma\,za^3}{4\epsilon} - \dfrac{3\,\sigma\,za^5}{16\epsilon} + O[za]^6$

$In[30]:=$ **Series[ez[az, 1], {az, 0, 5}]**

$Out[30]=$ $\dfrac{\sigma\,az^2}{4\epsilon} - \dfrac{3\,\sigma\,az^4}{16\epsilon} + O[az]^6$

> **演習問題** *1.9* 電界が次のように表せるとき, 電荷分布を求めよ.
>
> $$E(r, \theta, \varphi) = \begin{cases} \hat{r} E_1 \dfrac{r}{a} & (r \le a) \\ \hat{r} E_1 \left(\dfrac{a}{r}\right)^2 & (r \ge a) \end{cases} \qquad (1.10)$$

$In[31]:=$ **VectorAnalysis**
SetCoordinates[Spherical[r, t, p]];
球座標系にセットする.
e[r_] := {$\dfrac{e_1\,r}{a}$ - UnitStep[r - a]
($\dfrac{e_1\,r}{a} - \dfrac{e_1\,a^2}{r^2}$), 0, 0};
電界関数を定義する.
ρ = ε_0 Div[e[r]] /. a → 1 //Simplify
ガウスの定理により電荷密度を求める.

$Out[31]=$ $-3\,e_1\,\varepsilon_0\,(-1 + \text{UnitStep}[-1 + r])$

1.3 問題を解こう

演習問題 1.10 真空中の電界が円筒座標 (r, φ, z) により次のように表せるとき，電荷分布を求めよ．

$$\boldsymbol{E} = \hat{\boldsymbol{r}} \frac{\rho_0}{2\varepsilon_0 r} \left(1 - e^{-r^2}\right) \tag{1.11}$$

```
In[32]:= VectorAnalysis
         SetCoordinates[
           Cylindrical[r, ϕ, z]];
```
円筒座標系にセットする．
```
         e = ρ_0 { (1 - e^{-r^2}) / (2 ε_0 r), 0, 0 };
```
電界関数を定義する．
```
         ε_0 Div[e] // Simplify
```
ガウスの定理により電荷密度を求める．
```
Out[32]= e^{-r^2} ρ_0
```

2 渦なしの場と電位

MATHEMATICA
学習項目

- ♣ 点電荷による電位と電界
- ♣ ポアソン方程式とラプラス方程式
- ♣ 等電位線と電気力線
- ♣ より一般的な電荷分布による電位と電界
- ♣ 電気力線の作図（簡便な作図と詳細な作図）

2.1 静電界と電位

クーロン力は電荷間の距離の2乗に反比例することは重力（万有引力）と共通する性質である。この二つの場は共に**保存力の場**である。F が保存力の場であるとは，次のように F の任意の閉路 C に沿う周回積分がゼロとなることをいう。

$$\oint_C F \cdot ds = 0 \tag{2.1}$$

物理的には，エネルギー保存を表す。重力の場で卑近な例を挙げれば，ジェットコースターを摩擦のない理想的なレールの上で運転した場合がそうである。この場合には，式 (2.1) は1周する間に重力のする仕事はゼロであることを表す。理想的なジェットコースターはエネルギーを補給することなく，永久に回り続けることができる。

保存力の場の性質を式 (2.1) は積分式で表しているが，微分式では次のように表すことができる。

$$\text{rot}\, F = \nabla \times F = 0 \tag{2.2}$$

✍ 式 (2.2) を導きなさい（ベクトル解析のストークスの定理を用いる）。

保存力の場にはスカラーポテンシャルを導入することができる。重力の場の場合には，ポテンシャルエネルギーが高さに比例する。同様に，電界（電場）には電気的なポテンシャルエネルギーに比例した，電気的な高さを表す物理量を考えることができ，これを電位と定義する。すなわち，無限遠点を海抜ゼロメートルの地平線にたとえ，無限遠点を電位ゼロとすると，点 P の電位は次のように定義される。

$$V(P) = -\int_{\infty}^{P} \boldsymbol{E} \cdot d\boldsymbol{s} = \int_{P}^{\infty} \boldsymbol{E} \cdot d\boldsymbol{s} \tag{2.3}$$

電界と電位はその源である電荷と線形の関係にあるので，複数の点電荷からなる電位はそれぞれの点電荷による電位の重ね合わせ（和）になる。電界の重ね合わせはベクトル的な和となり計算が複雑であるが，電位の重ね合わせはスカラー的な和であり計算が楽である。式 (2.3) の逆の関係，電位による電界の表現，を求めると次のようになる。

$$\boldsymbol{E} = -\nabla V \tag{2.4}$$

2.2 点電荷による電位と電界

静電界の最も簡単な場合として，座標原点に点電荷がある場合を考える。単位電荷を無限遠からある点まで運ぶのに要する仕事がその点の電位である。

電荷を単位電荷，$Q = 1$，とすると，電位は単位電荷に働く力：電界を無限遠から積分することによって原点から（単位電荷から）距離 r の点の電位は次式のように求められる。

$$V = \int_{P}^{\infty} \boldsymbol{E} \cdot d\boldsymbol{s} = \int_{r}^{\infty} \frac{1}{4\pi\varepsilon_0 r^2} dr = \frac{1}{4\pi\varepsilon_0 r} \tag{2.5}$$

静電界は保存力の場であり，その回転はゼロである。静電界のように回転がゼロの場を渦なしの場という。渦なしの場は式 (2.5) が積分経路のとり方に依存せず，その点の関数として電位が一意に定義できる。

> **演習問題 2.1** 式 (2.5) を *MATHEMATICA*® で実行して求め，これから電界を求めよ。さらに，この回転と発散を計算せよ。三座標系（直角座標系，円筒座標系，球座標系）により行え。

$In[1]:=$ `e[r_] :=` $\dfrac{Q}{4\pi\epsilon_0 r^2}$ `;`
    `V[r_] = Integrate[e[R], {R, r, ∞},`
        `GenerateConditions → False]`

$Out[1]=$ $\dfrac{Q}{4\pi r \epsilon_0}$

$In[2]:=$ `VectorAnalysis`
    `SetCoordinates[Spherical[r, θ, φ]];`
     球座標系
    `-Grad[V[r]]`

$Out[2]=$ $\left\{\dfrac{Q}{4\pi r^2 \epsilon_0}, 0, 0\right\}$

$In[3]:=$ `Curl[%]`

$Out[3]=$ `{0, 0, 0}`

$In[4]:=$ `Div[%%]`

$Out[4]=$ `0`

$In[5]:=$ `SetCoordinates[Cartesian[x, y, z]];`
     直角座標系
    `r =` $\sqrt{x^2+y^2+z^2}$ `;`
    `-Grad[V[r]]`
    `Curl[%]`
    `Div[%%]//Simplify`

$Out[5]=$ $\left\{\dfrac{Q\,x}{4\pi(x^2+y^2+z^2)^{3/2}\epsilon_0}, \dfrac{Q\,y}{4\pi(x^2+y^2+z^2)^{3/2}\epsilon_0}, \dfrac{Q\,z}{4\pi(x^2+y^2+z^2)^{3/2}\epsilon_0}\right\}$

$Out[5]=$ `{0, 0, 0}`

$Out[5]=$ `0`

2.2 点電荷による電位と電界

```
In[6]:= SetCoordinates[Cylindrical[ρ,φ,z]];
        円筒座標系
        r = √(ρ² + z²);
        -Grad[V[r]]
        Curl[%]
        Div[%%]//Simplify
Out[6]= { Qρ/(4π(z²+ρ²)^(3/2) ε₀) , 0 , Qz/(4π(z²+ρ²)^(3/2) ε₀) }
Out[6]= {0, 0, 0}
Out[6]= 0
```

> 文法 **%** は直前の出力を表す。*In[3]* の **Curl[%]** は **Curl[*Out[2]*]** と同じである。**%%** はさらに一つ前の出力を表す。**%%**…（k 回）は k 回遡った出力を表す。また，**%n** は *Out[n]* と同じ意味を表す。

> **演習問題 2.2** z 軸上に線密度 λ の線電荷がある。この線電荷による電位を z 軸からの距離 ρ の関数として求めよ。

```
In[7]:= e[ρ_] := λ/(2π ε₀ ρ);
        V[ρ_] = -Integrate[e[ρ'],{ρ',R,ρ},
            GenerateConditions → False]
Out[7]= -λ(-Log[R] + Log[ρ])/(2π ε₀)
```

積分範囲を $[\infty, \rho]$ とすると無限大の定数項を含む。そのために積分範囲を $[R, \rho]$ としている。R を含む項は $R \to \infty$ により無限大となるが，全空間の電荷の総和はゼロであるために，全電荷による電位を求めると打ち消されてなくなる項である。有意な電位の表現は R を含む項を除いた次式である。

$$V = -\frac{\lambda}{2\pi\varepsilon_0}\log\rho \tag{2.6}$$

2.3 ポアソン方程式とラプラス方程式

式 (2.4) をガウスの定理 (1.9) に代入すると，次の**ポアソン方程式**が得られる。

$$\nabla^2 V = -\frac{\rho}{\varepsilon_0} \tag{2.7}$$

ここに，ρ は電荷密度である。電荷が存在しない点では次の方程式が成り立つ。これは，**ラプラス方程式**と呼ばれる。

$$\nabla^2 V = 0 \tag{2.8}$$

演習問題 2.3 電荷密度が球座標系で e^{-r^2} に等しいとする。電界を求め，電荷分布と共に図示せよ。また、電界と電荷分布が積分形のガウスの定理を満たすことを確かめよ。

$In[8]:= \ \rho[\text{r\_}] := e^{-r^2}$
$\qquad \text{er} = \text{DSolve}\left[\partial_r e[r] + \frac{2\,e[r]}{r} == \rho[r], e[r], r\right]$

$Out[8]= \ \left\{\left\{e[r] \to \frac{C[1]}{r^2} + \frac{-\frac{1}{2} e^{-r^2} r + \frac{1}{4}\sqrt{\pi}\,\text{Erf}[r]}{r^2}\right\}\right\}$

$In[9]:= \ e[\text{r\_}] = \text{er}[\![1,1,2]\!] /. \{C[1] \to 0\}$
$\qquad$ er を抽出

$\qquad \text{Plot}[\{\rho[r], e[r]\}, \{r, 0, 3\},$
$\qquad\quad \text{PlotStyle} \to \{\text{Thickness}[0.005], \text{Thickness}[0.01]\}]$

$Out[9]= \ \dfrac{-\frac{1}{2} e^{-r^2} r + \frac{1}{4}\sqrt{\pi}\,\text{Erf}[r]}{r^2}$

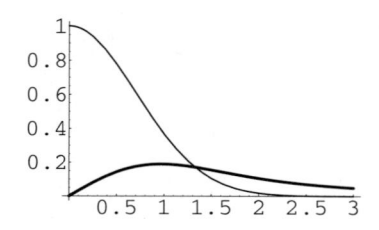

```
In[10]:= q[r_] = ∫₀ʳ 4 π s² ρ[s] ds
```
半径 **r** の球内の電荷量
```
Out[10]= e^(-r²) π (-2 r + e^(r²) √π Erf[r])

In[11]:= 4 π r² e[r] - q[r] //Simplify
Out[11]= 0
```

2.4 等電位線と電気力線

　静電界の空間的分布をグラフで表現し，視覚的に理解を助ける手段として**等電位面（線）**と**電気力線**がある．電位の等しい点の集合である面（線）を等電位面（線）と呼び，接線方向が電界の向きに一致するように描いた曲線を**電気力線**と呼ぶ．電気力線の方程式を三座標系で表すと，

$$\frac{dx}{E_x} = \frac{dy}{E_y} = \frac{dz}{E_z} \tag{2.9}$$

$$\frac{d\rho}{E_\rho} = \frac{\rho d\varphi}{E_\varphi} = \frac{dz}{E_z} \tag{2.10}$$

$$\frac{dr}{E_r} = \frac{rd\theta}{E_\theta} = \frac{r\sin\theta d\varphi}{E_\varphi} \tag{2.11}$$

　演習問題 2.4 原点に z 方向を向いて電気ダイポールがあり，電気ダイポールモーメントが p のとき，電位は球座標により次のように表される．

$$V = \frac{p\cos\theta}{4\pi\varepsilon_0 r^2} \tag{2.12}$$

電界を求め，電気力線の方程式を解け．

```
In[12]:= <<VectorAnalysis
        SetCoordinates[Spherical[r,θ,φ]];
        v = Cos[θ]/r² ;
```
電位 (2.12)．簡単のために定数を省く．
```
        e = -Grad[v]
```
電界

2. 渦なしの場と電位

$Out[12]=\left\{\dfrac{2\,\text{Cos}[\theta]}{r^3},\dfrac{\text{Sin}[\theta]}{r^3},0\right\}$

$In[13]:=$ `DSolve`$\left[\partial_\theta\,r[\theta]==\dfrac{2\,r[\theta]\,\text{Cos}[\theta]}{\text{Sin}[\theta]},r[\theta],\theta\right]$

球座標の電気力線の方程式, (2.11) を解く。

$Out[13]=\{\{r[\theta]\to C[1]\,\text{Sin}[\theta]^2\}\}$

演習問題 2.5 電気ダイポールによる静電界の，等電位線と電気力線を，$y = 0$ の zx 面上で描け。

$In[14]:=$ `vv[r2_,θ_]` := $\dfrac{\text{Cos}[\theta]}{\text{r2}}$

電位，`r2` は `zx` 面上の点の原点からの距離の2乗（$x^2 + z^2$）。

```
a = ContourPlot[
    vv[Max[x² + z², 0.1], ArcTan[z, x]],
    {x, -1, 1}, {z, -1, 1},
    ContourShading → False, PlotPoints → 30,
    Frame → False,
    ContourStyle → Dashing[{0.02, 0.02}],
    ContourStyle → Thickness[0.005],
    DisplayFunction → Identity];
```

等電位線を破線で描く。

```
<< "Graphics`Graphics`"
b = PolarPlot[{0.3 Cos[θ]², 0.6 Cos[θ]²,
     0.9 Cos[θ]²}, {θ, 0, 2π}, Axis → False,
    PlotStyle → Thickness[0.01],
    DisplayFunction → Identity];
```

前題で求めた方程式により電気力線を描く。

`PolarPlot` では $x = 0$ が $\theta = 0$ に対応するため，$\theta \to \theta - \pi/2$ とする。

```
Show[{a, b},
  DisplayFunction →
    $DisplayFunction, AspectRatio → Automatic]
```

2.4 等電位線と電気力線

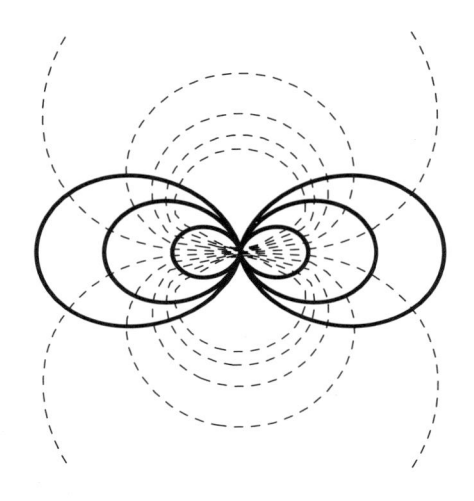

演習問題 2.6 x と y の関数：$V = \dfrac{x}{x^2 + y^2}$ は 2 次元のラプラス方程式を満たすこと，この静電界の電気力線は $\dfrac{y}{x^2 + y^2} = $ 一定 となることを証明せよ。

```
In[15]:= VectorAnalysis
         SetCoordinates[Cartesian[x, y, z]];
         V[x_, y_, z_] := x/(x^2 + y^2);
         Laplacian[V[x, y, z]]//Simplify
         e = -Grad[V[x, y, z]]//Simplify
Out[15]= 0
Out[15]= { (x^2 - y^2)/(x^2 + y^2)^2 , (2 x y)/(x^2 + y^2)^2 , 0 }

In[16]:= DSolve[y'[x] == (2 x y[x])/(x^2 - y[x]^2), y[x], x]
```
式 (2.9) を解く。
```
Out[16]= { {y[x] -> 1/2 (e^C[1] - Sqrt[e^(2 C[1]) - 4 x^2])},
           {y[x] -> 1/2 (e^C[1] + Sqrt[e^(2 C[1]) - 4 x^2])} }
```

In[17]:= `Solve[y == %[[1,1,2]],C[1]]`

　　　　　求められた電気力線の方程式は定数 `C[1]` を含んでいる。
　　　　　`C[1]` を `x` と `y` の式，例えば `f(x,y)` で表すことができれば，
　　　　　`f(x,y)` = 一定 が電気力線の方程式となる。

　Solve :: ifun : 逆関数が Solve により使用されているので，求められな
い解のある可能性があります．
注意の Message。問題ないので無視してよい。

Out[17]= $\left\{\left\{C[1] \to \text{Log}\left[\frac{x^2+y^2}{y}\right]\right\}\right\}$

In[18]:= `Solve[y == %%[[2,1,2]],C[1]]`

　Solve :: ifun : 逆関数が Solve により使用されているので，求められな
い解のある可能性があります．

Out[18]= $\left\{\left\{C[1] \to \text{Log}\left[\frac{x^2+y^2}{y}\right]\right\}\right\}$

2.5　直線上点電荷列の電気力線

　電気力線が簡単な式で表され，しかも応用性の高い場合の例として直線上に点電荷が並んだ場合がある。z 軸上に並んだ点電荷 $\{Q_i, i = 1, 2, \cdots, n\}$ に対して，電気力線は次式で表せる。

$$\sum_{i=1}^{n} Q_i \cos\theta_i = 一定 \tag{2.13}$$

ここに，θ は観測点と点電荷を結ぶ直線が z 軸となす角である。式 (2.13) と MATHEMATICA® のコマンド `ContourPlot` を用いると，電気力線を容易に描くことができる。

2.5.1　二点電荷による電界

　演習問題 2.7　二つの点電荷による電界は，その大きさの比によってさまざまに変化する。電気力線の変化を式 (2.13) によって描き，アニメーションによって見てみよう。

2.5 直線上点電荷列の電気力線　　55

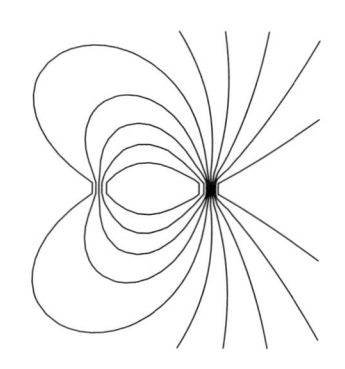

```
In[19]:= <<Version5`Graphics`    ※※
         <<"Graphics`Animation`"
         Animate[ContourPlot[
           x + 1                    r (x - 1)
         ─────────────────── + ───────────────────, {x, -3, 3}, {y, -3, 3},
         √((x + 1)² + y²)      √((x - 1)² + y²)
         ContourShading → False, PlotPoints → 30, Frame → False],
         {r, -2, 2, 0.1}]
             r は点電荷の大きさの比
         <<Versin6`Graphics`    ※※
```

2.5.2 パッケージ FieldLines.m による精密な力線の描画

> 演習問題 2.8　直角座標で，$(-1, 0, 0)$ に点電荷 $4Q$ が，$(1, 0, 0)$ に点電荷 $-Q$ がある。x 軸と角 θ_0 をなして正電荷から発する電気力線の，無限遠方で x 軸となす角 θ_∞ は式 (2.13) から
>
> $$\theta_\infty = \cos{-1}\left(\frac{4\cos\theta_0 + 1}{3}\right) \tag{2.14}$$
>
> 式 (2.14) において，$\theta_0 = \frac{\pi}{3}$ のとき $\theta_\infty = 0$ となる。したがって，負電荷に終端する力線は $\theta_0 > \frac{\pi}{3}$ の角で正電荷を発する力線であり，残りは無限遠点に向かう。これを確認するには，式 (2.13) と **ContourPlot** による方法では難しい。前 1.6.2 に用意したパッケージ **FieldLines.m** を用いて確認してみよう。

2. 渦なしの場と電位

```
In[20]:= << ExtendGraphics`FieldLines`        FieldLines
        r1[x_, y_] := √((x + 1)^2 + y^2);
        r2[x_, y_] := √((x - 1)^2 + y^2);
        ex = (4 (x + 1))/r1[x, y]^3 - (x - 1)/r2[x, y]^3;
        ey = (4 y)/r1[x, y]^3 - y/r2[x, y]^3;
        eline = Table[FieldLine[{x, ex, -1 + 0.1 Cos[π i/36]},
                {y, ey, 0.1 Sin[π i/36]}, {t, 20}], {i, 1, 71, 2}];
        Show[Graphics[eline, AspectRatio → Automatic,
            Axes → True, PlotRange → {{-4, 4}, {-4, 4}}]]
```

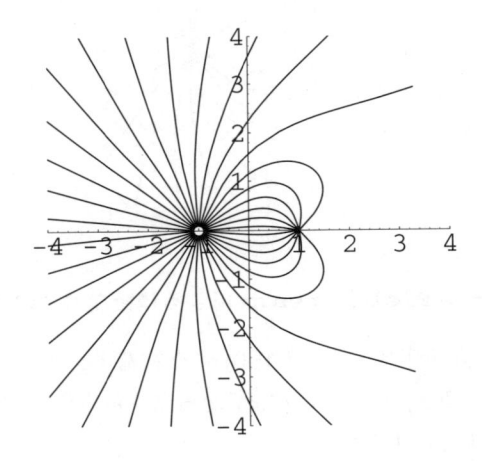

```
In[21]:= eline = Table
            [FieldLine[{x, ex, -1. + 0.001 Cos[2π i/360000]},
             {y, ey, 0.001 Sin[2π i/360000]}, {t, 80}],
             {i, 59999, 60001}];
        Show[Graphics[eline, AspectRatio → Automatic,
            Axes → True]]
```

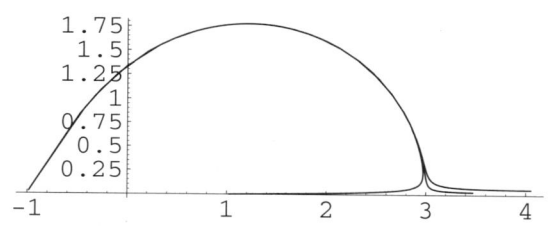

☞ 正電荷から発し，負電荷に終端する力線と無限遠点に向かう力線の境目は前題において，$\theta = \frac{\pi}{3}$ であることがわかったが，これは負電荷に終端する力線の割合が $\frac{1}{4}$ に等しいことを用いると，立体角の計算から次のようにして知ることができる。この式の意味を考えてみよ。

$$2\pi(1 - \cos\theta_0) = 4\pi\frac{1}{4} \Rightarrow \cos\theta_0 = \frac{1}{2} \quad \therefore \quad \theta_0 = \frac{\pi}{3}$$

☞ 電界がゼロとなる点は $(3, 0, 0)$ である。これは，上の図からうかがい知ることができるが，理論的に証明してみよう。

2.6　平面内に分布する点電荷群による電気力線

前節の検討によって，パッケージ **FieldLines** は正確な力線を描くことがわかった。このパッケージは，電荷が3次元的に任意に分布している場合に適用できる。本節では2次元分布する点電荷群による電気力線を描こう。

> **演習問題 2.9**　正三角形の頂点に同大の点電荷がある場合の電気力線を描け。

```
In[22]:= <<"ExtendGraphics`FieldLines`        FieldLines
         d = 0.01;
         r1[x_, y_] := Sqrt[(x - 1)^2 + y^2]
         r2[x_, y_] := Sqrt[x^2 + (y - Sqrt[3])^2]
         r3[x_, y_] := Sqrt[(x + 1)^2 + y^2]
         ex = (x - 1)/r1[x, y]^3 + x/r2[x, y]^3 + (x + 1)/r3[x, y]^3;
         ey = y/r1[x, y]^3 + (y - Sqrt[3])/r2[x, y]^3 + y/r3[x, y]^3;
```

58　　2.　渦なしの場と電位

```
In[23]:= eline1 =
           Table[FieldLine[{x, ex, 1 + d Cos[i π/6]},
              {y, ey, d Sin[i π/6]}, {t, 1}], {i, 12}];
         eline2 = Table[FieldLine[{x, ex, -1 + d Cos[i π/6]},
              {y, ey, d Sin[i π/6]}, {t, 1}], {i, 12}];
         eline3 = Table[FieldLine[{x, ex, d Cos[i π/6]},
              {y, ey, √3 + d Sin[i π/6]}, {t, 1}], {i, 12}];
         g1 = Graphics[{eline1, eline2, eline3}];
         Show[g1, AspectRatio-> Automatic];
```

> **演習問題 2.10** 前題の出力を MATHEMATICA®（下位バージョン）に用
> 意されている `PlotVectorField` による描画と比較してみよう。同一
> 面上に `FieldLines` と `PlotVectorField` による電気力線，および
> `ContourPlot` による等電位線を重ねて描け。

In[22]，In[23] に引き続いて以下を入力する。

```
In[24]:= <<Versin5`Graphics`
         <<Graphics`PlotField`
         g2 = PlotVectorField[{ex, ey}, {x, -2, 2},
            {y, -1, √3 + 1}, PlotPoints → 10,
            DisplayFunction → Identity];
```

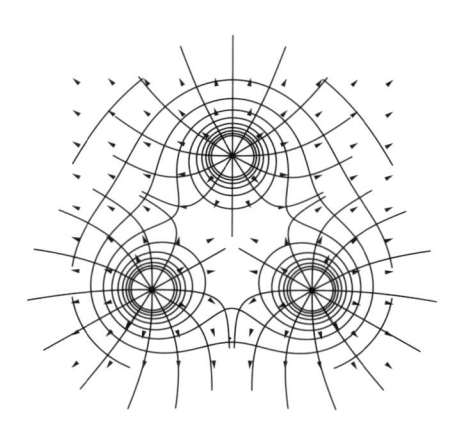

```
In[25]:= g3 = ContourPlot[1/r1[x, y] + 1/r2[x, y] + 1/r3[x, y],
           {x, -2, 2}, {y, -1, 1 + √3}, ContourShading → False,
           PlotPoints → 200,
           DisplayFunction → Identity];
         Show[{g1, g2, g3}, Axes → False,
           DisplayFunction → $DisplayFunction,
           AspectRatio → Automatic]
         << Version6`Graphics`
```

2.7　問題を解こう

演習問題 2.11 x 軸に平行に，幅 w，面密度 σ のリボン状の面電荷が xy 面上にあり，その中心軸は x 軸と一致する。z 軸上の電位を求めよ。また，電位から電界を計算せよ。そして $z \ll w$ の場合と，$z \gg w$ の場合の近似式を予想し，数学的に正しく求められることを証明せよ。

微小幅 dy の部分による電位を重ね合わせる。

```
In[26]:= -σ/(2 π ε₀) ∫_{-w/2}^{w/2} Log[√(y² + z²)] dy
```

$Out[26]=-\dfrac{1}{4\pi\epsilon_0}\left(\sigma\left(-2w+izLog\left[\dfrac{-iw+2z}{2z}\right]-2izLog\left[\dfrac{iw+2z}{2z}\right]+wLog\left[\dfrac{1}{4}(w^2+4z^2)\right]\right)\right)$

$\log[1+i*x]=\log\left[\sqrt{1+x^2}\right]+i*\tan^{-1}[x]$ の関係を利用して，電位を求める．

$In[27]:=$ `v[z_] := -`$\dfrac{1}{4\pi\epsilon_0}$
$\left(\sigma\left(-2w+4zArcTan\left[\dfrac{w}{2z}\right]+wLog\left[\dfrac{1}{4}(w^2+4z^2)\right]\right)\right)$

電界を求める．

$In[28]:=$ `e[z_] = -`∂_z`v[z]//Simplify`
$Out[28]=\dfrac{\sigma ArcTan\left[\dfrac{w}{2z}\right]}{\pi\epsilon_0}$

$In[29]:=$ `Series[e[z], {z, 0, 2}]`
$Out[29]=\dfrac{\sqrt{w^2}\sigma}{2w\epsilon_0}-\dfrac{2\sigma z}{\pi w\epsilon_0}+O[z]^3$

$z\ll w$ に対する近似式を求めるために，z に関して $z=0$ の周りに展開．平面電荷による電界に一致する．

$In[30]:=$ `Series`$\left[e\left[\dfrac{1}{zi}\right], \{zi, 0, 2\}\right]$
$Out[30]=\dfrac{w\sigma zi}{2\pi\epsilon_0}+O[zi]^3$

$z\gg w$ に対する近似式を求めるために，$\dfrac{1}{z}$ に関して $\dfrac{1}{z}=0$ の周りに展開．線密度 $w\sigma$ の線電荷による電界に一致する．

> **演習問題** *2.12* xy 面上に置かれた半径 a の円板が，面密度 σ で帯電している．円板の中心を原点として，z 軸上の電位を求め，電位から電界を計算せよ．そして，$z\ll a$ の場合と，$z\gg a$ の場合の近似式を予想し，数学的に正しく求められることを証明せよ．

$(\rho, \rho+d\rho)$ の区間の半径 ρ，幅 $d\rho$ の円ループがつくる電位を重ね合わせる．

2.7 問題を解こう

$In[31]:=$ `v[z_] = Integrate[`$\frac{\sigma 2 \pi \rho}{4 \pi \epsilon_0 \sqrt{\rho^2 + z^2}}$`, {ρ, 0, a},`
  `GenerateConditions → False]`

$Out[31]= \dfrac{\left(-\sqrt{z^2} + \sqrt{a^2 + z^2}\right)\sigma}{2\epsilon_0}$

電位の勾配により電界を計算する。

$In[32]:=$ `e[z_] = -∂_z v[z]`

$Out[32]= -\dfrac{\left(-\frac{z}{\sqrt{z^2}} + \frac{z}{\sqrt{a^2+z^2}}\right)\sigma}{2\epsilon_0}$

$z \ll a$ に対して $z = 0$ の周りの展開。近似式は平面電荷による電界に一致する。

$In[33]:=$ `Series[e[z], {z, 0, 2}]`

$Out[33]= \dfrac{\sigma}{2\epsilon_0} - \dfrac{\sigma z}{2\left(\sqrt{a^2}\,\epsilon_0\right)} + O[z]^3$

$z \gg a$ に対して $\dfrac{1}{z} = 0$ の周りの展開。近似式は点電荷 $\pi a^2 \sigma$ による電界に一致する。

$In[34]:=$ `Series[e[`$\frac{1}{zi}$`], {zi, 0, 2}]`

$Out[34]= \dfrac{a^2 \sigma zi^2}{4\epsilon_0} + O[zi]^3$

演習問題 2.13 原点付近の電位（スカラーポテンシャル）が $V(x, y) = -xy$ と与えられている。電界を求め，等電位線と電気力線の分布の概形を描け。

$In[35]:=$ `VectorAnalysis`
  `<< Version5`Graphics`` 💐💐
  `SetCoordinates[`
    `Cartesian[x, y, z]];`
  `v[x_, y_] := -x y - Grad[v[x, y]]`

$Out[35]= \{y, x, 0\}$

$In[36]:=$ `sol = DSolve[y'[x] == x/y[x], y[x], x]`

$Out[36]= \left\{\left\{y[x] \to -\sqrt{2}\sqrt{\dfrac{x^2}{2}+C[1]}\right\},\right.$
$\left.\left\{y[x] \to \sqrt{2}\sqrt{\dfrac{x^2}{2}+C[1]}\right\}\right\}$

$In[37]:=$ `Solve`$\left[y[x] == \sqrt{2}\sqrt{\dfrac{x^2}{2}+C[1]}, C[1]\right]$

$Out[37]= \left\{\left\{C[1] \to \dfrac{1}{2}(-x^2+y[x]^2)\right\}\right\}$

```
In[38]:= a = ContourPlot[-v[x, y], {x, -3, 3}, {y, -3, 3},
    ContourStyle → Dashing[{0.03, 0.03}],
    ContourShading- > False,
    DisplayFunction- > Identity];
  b = ContourPlot[-x^2 + y^2, {x, -3, 3}, {y, -3, 3},
    ContourShading- > False,
    DisplayFunction- > Identity];
  Show[{a, b}, Frame- > False,
    AspectRatio → Automatic,
    DisplayFunction- > $DisplayFunction]
  <<Version6`Graphics`
```

☞ 同様の手法により，電位 $V(x, y) = x^3 - 3xy^2$ に対する電気力線の方程式は $3x^2y - y^3 = $ 一定 となることを確かめよ．

3 導体と静電界

MATHEMATICA
学習項目

♣ 導体表面上の境界条件
♣ 電位係数と容量係数，誘導係数
♣ 影像法
  ◇ 平面導体と点電荷
  ◇ 導体コーナと点電荷
  ◇ 導体球と点電荷
  ◇ 一様電界中に導体球が置かれた場合

3.1 導体表面上の境界条件

電気電子デバイスの材料である銅などの金属は，時間的な変化が早くないとき，すなわち周波数が高くないとき，近似的に導電率が無限大の**完全導体**とみなせる。このような導体は全体が同電位であり，その勾配に等しい電界は導体の内部でゼロである。導体と真空の境界面で，導体から外向きの法線単位ベクトルを $\hat{\boldsymbol{n}}$ とすると次式が成り立つ。これを**導体表面上の境界条件**という。

$$\hat{\boldsymbol{n}} \times \boldsymbol{E} = 0 \tag{3.1}$$

$$\hat{\boldsymbol{n}} \cdot \boldsymbol{E} = \frac{\sigma}{\varepsilon_0} \tag{3.2}$$

ここに，σ は面電荷密度である。

式 (3.1) は電界の導体表面に接する成分に関する境界条件であり，式 (3.2) は電界の導体表面に垂直な成分に関する境界条件である。

64　3. 導体と静電界

> **演習問題 3.1** 非常に薄い半径 a の導体円板が電荷 Q を帯びているとき，円板上で電荷は次式の密度で分布することが理論的にわかっている．
>
> $$\sigma = \frac{Q}{2\pi a}\frac{1}{\sqrt{a^2-r^2}} \tag{3.3}$$
>
> ここに，r は円板の中心からの距離である．電荷密度の変化をグラフによって理解し，式 (3.3) の積分が Q に等しいことを確かめよ．

```
In[1]:= σ[r_] := Q/(2πa√(a²-r²));
        Integrate[2πr σ[r], {r, 0, a}, Assumptions → a > 0]
Out[1]= Q

In[2]:= Q = 1; a = 1; Plot[σ[r], {r, 0, a}]
```

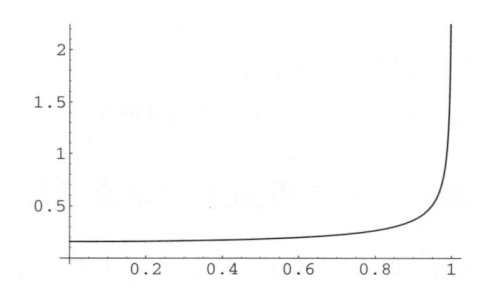

☞ 電荷密度は式 (3.1) と式 (3.2) から電界の大きさに比例している．したがって電界は円板の周辺で無限大となる．円板の端からの距離の $-\frac{1}{2}$ 乗に比例することを確かめよ．この根拠は 4.4 節で学ぶ．

3.2　電位係数と静電容量係数，静電誘導係数

真空中に複数（n 個）の導体があるとき，導体の電位 ($V_1, \cdots$) を与えると導体の電荷 ($Q_1, \cdots$) が一意に定まり，逆に電荷を与えると電位分布が一意に定ま

る。これを境界値問題と考えたとき，前者はディリクレ型の問題，後者はノイマン型の問題である[*1]。

電圧行列 $\bar{V}$ と電荷行列 $\bar{Q}$ を式 (3.4) のように定義し，両者を n 次の正方行列 $[p_{ij}]$, $[q_{ij}]$ により式 (3.5) のように関係づける。

$$\bar{V} = \begin{pmatrix} V_1 \\ \vdots \\ V_n \end{pmatrix}, \quad \bar{Q} = \begin{pmatrix} Q_1 \\ \vdots \\ Q_n \end{pmatrix} \tag{3.4}$$

$$\bar{V} = [p_{ij}]\bar{Q}, \quad \bar{Q} = [q_{ij}]\bar{V} \tag{3.5}$$

p_{ij} を**電位係数**，q_{ii} を**静電容量係数**，$q_{ij}(i \neq j)$ を**静電誘導係数**という。

この導体系に蓄えられた**静電エネルギー** W は式 (3.6) で与えられる。

$$W = \frac{1}{2}\bar{V}^T\bar{Q} = \frac{1}{2}\bar{Q}^T\bar{V} = \frac{1}{2}\bar{V}^T[q_{ij}]\bar{V} = \frac{1}{2}\bar{Q}^T[p_{ij}]\bar{Q} \tag{3.6}$$

演習問題 3.2 半径 a の導体球を導体#1 とし，それと同心的にある内半径 b，外半径 c の導体球殻を導体#2 とする。ここに，$a < b < c$ である。電位係数行列は次式となる。

$$\bar{p} = \begin{pmatrix} \dfrac{1}{4\pi\varepsilon_0}\left(\dfrac{1}{a} - \dfrac{1}{b} + \dfrac{1}{c}\right) & \dfrac{1}{4\pi\varepsilon_0 c} \\ \dfrac{1}{4\pi\varepsilon_0 c} & \dfrac{1}{4\pi\varepsilon_0 c} \end{pmatrix} \tag{3.7}$$

$\bar{q} = [q_{ij}]$ を $\bar{p} = [p_{ij}]$ の逆行列から求め，物理的に求めた結果と一致することを確かめよ。

```
In[3]:= p = {{(1/a - 1/b + 1/c)/(4 π ε₀), 1/(4 π ε₀ c)}, {1/(4 π ε₀ c), 1/(4 π ε₀ c)}};
       MatrixForm[p]
```

$$Out[3] = \begin{pmatrix} \dfrac{\frac{1}{a} - \frac{1}{b} + \frac{1}{c}}{4\pi\epsilon_0} & \dfrac{1}{4c\pi\epsilon_0} \\ \dfrac{1}{4c\pi\epsilon_0} & \dfrac{1}{4c\pi\epsilon_0} \end{pmatrix}$$

[*1] 一般のディリクレ問題とノイマン問題では電位と電荷密度を境界上の位置の関数として与える。

66   3. 導体と静電界

In[4]:= **q = Inverse[p]//Simplify;**
      MatrixForm[q]

Out[4]= $\begin{pmatrix} \dfrac{4\,a\,b\,\pi\,\epsilon_0}{-a+b} & \dfrac{4\,a\,b\,\pi\,\epsilon_0}{a-b} \\ \dfrac{4\,a\,b\,\pi\,\epsilon_0}{a-b} & -\dfrac{4\,(a\,(b-c)+b\,c)\,\pi\,\epsilon_0}{a-b} \end{pmatrix}$

In[5]:= **ep = Eigenvalues[p]//Simplify**

Out[5]= $\{-(-b\,c+a\,(-2\,b+c)+\sqrt{(-2\,a\,b\,c^2+b^2\,c^2+a^2\,(4\,b^2+c^2))})/(8\,a\,b\,c\,\pi\,\epsilon_0),$
      $(2\,a\,b-a\,c+b\,c+\sqrt{(-2\,a\,b\,c^2+b^2\,c^2+a^2\,(4\,b^2+c^2))})/(8\,a\,b\,c\,\pi\,\epsilon_0)\}$

In[6]:= λ_{p1}**[b_, c_] = ep[[1]]/.{a → 1}**

Out[6]= $-(-2\,b+c-b\,c+\sqrt{4\,b^2+c^2-2\,b\,c^2+b^2\,c^2})/(8\,b\,c\,\pi\,\epsilon_0)$

In[7]:= λ_{p2}**[b_, c_] = ep[[2]]/.{a → 1}**

Out[7]= $(2\,b-c+b\,c+\sqrt{4\,b^2+c^2-2\,b\,c^2+b^2\,c^2})/(8\,b\,c\,\pi\,\epsilon_0)$

In[8]:= λ_{p2}**[b, c] -** λ_{p1}**[b, c]//Simplify**
      λ_{p2}**[b, c] >** λ_{p1}**[b, c] を確認**

Out[8]= $\dfrac{\sqrt{c^2-2\,b\,c^2+b^2\,(4+c^2)}}{4\,b\,c\,\pi\,\epsilon_0}$

In[9]:= **(2 b - c + b c)² - (4 b² + c² - 2 b c² + b² c²)//Simplify**
      λ_{p1}**[b, c] > 0 を確認**

Out[9]= $4\,(-1+b)\,b\,c$

☞ $\bar{q}$ を教科書を参考にして物理的に求め，$\bar{p}$ の逆行列に等しいことを確かめておく。

🙏 $a \to 1$ として，変数の数を減らしている。b と c は a で割ったことになる。固有値は無次元数でありこのように規格化しても変わらない。

🕯 固有値がすべて正の行列は正定値であるという。$\bar{p}$ と $\bar{q}$ が正定値のとき，式 (3.6) の蓄積静電エネルギーは任意の $\bar{V}$ と $\bar{Q}$ に対して正となる。

3.3 映像電荷法

考察の対象外の空間に電荷を置いて，導体を取り除いたとき，導体表面上の境界条件が満たされているとき，対象外空間に置く電荷を**映像電荷**といい，映像電荷を用いて境界値問題を解く方法を**映像電荷法**という。

3.3.1 平面導体と点電荷の場合

> **演習問題 3.3** $z=0$ の面が導体であり，$(0,0,d)$ の点に点電荷があるとする。導体面上の電荷密度を求め，図示せよ。そして，導体面上の全電荷は $-Q$ となることを積分により確かめよ。また，この物理的意味を考えよ。

💡 $(0,0,-d)$ に電荷 $-Q$ を置くと，$z=0$ における境界条件は満足される。この映像電荷と実電荷とが無限空間内につくる電界を計算し，$z=0$ でその z 成分を求め，ε_0 をかけると，式 (3.2) により電荷密度が得られる。

```
In[10]:= <<Version5`Graphics`
        g = Plot3D[ 2/(4π(x²+y²+1)^(3/2)), {x,-2,2}, {y,-2,2},
        AxesLabel → {"x/d","y/d"," -σ/Qd "}]
```

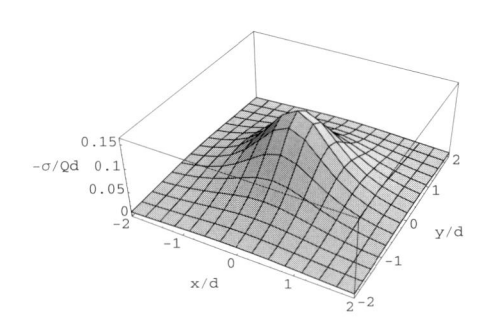

3. 導体と静電界

```
In[11]:= Integrate[2/(4π(x^2 + y^2 + 1)^(3/2)), {x, -∞, ∞},
         {y, -∞, ∞}, GenerateConditions → False]
Out[11]= 1
```

`JaveView`

```
In[12]:= << JavaView`JLink`;
         InstallJavaView[];
         JavaView[g];
         << Version6`Graphics`
```

ガウスの定理 (1.9) により，ある閉曲面上の「電界の外向き法線成分の積分」は「その面内の全電荷を ε_0 で割った値」に等しい。前者はその面を横切って出入りする電気力線の本数に等しい。したがって，正電荷からはその大きさに比例する電気力線が発し負電荷に終端する。

点電荷 Q から出る電気力線はすべて映像電荷 $-Q$ に向かうが，その途中の導体表面に終端する。導体平面上の電荷の密度の積分は映像電荷の大きさ $-Q$ に等しい。

3.3.2 導体コーナと点電荷の場合

> **演習問題 3.4** $x = 0$ の面と $y = 0$ の面が導体で，$(a, a, 0)$ に点電荷 Q が置かれ，$x > 0, y > 0$ の空間に電界をつくっている。$(-a, a, 0)$ に $-Q$，$(-a, -a, 0)$ に Q，$(a, -a, 0)$ に $-Q$ の映像電荷を置く。$0 < x, y = 0, -\infty < z < \infty$ の導体面上の電荷密度を求め，この積分値が $-\dfrac{Q}{2}$ に等しいことを確かめよ。

$a = 1, Q = 1$ とすると，$y = 0$ の面上で電界は

$$E(x, z) = -\hat{y}\frac{1}{4\pi\varepsilon_0}\left(\frac{2}{r_1^3} - \frac{2}{r_2^3}\right)$$

ここに

$$r_1 = \sqrt{(x-1)^2 + 1 + z^2}, \quad r_2 = \sqrt{(x+1)^2 + 1 + z^2}$$

3.3 映像電荷法

電荷密度は，
$$\sigma(x,z) = \varepsilon_0 E_y = -\frac{1}{2\pi}\left(\frac{1}{r_1^3} - 1r_2^3\right)$$

```
In[13]:= << Version5`Graphics`
        obj3D = Plot3D[1/(2π) (1/((x - 1)^2 + 1 + z^2)^(3/2) -
              1/((x + 1)^2 + 1 + z^2)^(3/2)), {x, 0, 4}, {z, -2, 2},
              AxesLabel → {"x/a", "z/a", "σ/Qa"}, PlotRange → All]
```

符号を変えた電荷密度 $-\sigma(x, z)$

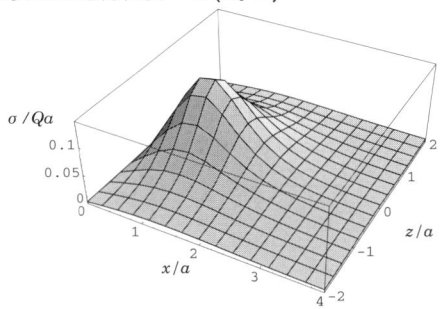

```
In[14]:= 2 ∫₀^∞ ∫₀^∞ (1/((x-1)^2+1+z^2)^(3/2) - 1/((x+1)^2+1+z^2)^(3/2))/(2π) dzdx
```
符号を変えた電荷密度の面積分

$$Out[14] = \frac{\pi - 2i\,\text{Log}[-1+i] + 2i\,\text{Log}[1+i]}{4\pi}$$

```
In[15]:= ComplexExpand[%]
```
$$Out[15] = \frac{1}{2}$$

JaveView 導体面上の電荷密度の面積分は平面導体の場合と同様に考える。点電荷 Q から発する電気力線はすべて導体コーナに終端する。導体コーナが有する全電荷は映像電荷の総量に等しい。映像電荷の総量は $-Q+Q-Q = -Q$ である。これが二分されて，$x = 0$ の面と $y = 0$ の面に分布する。上で計算した積分は $y = 0$ の面上の積分であるので，$-\frac{Q}{2}$ に等しい。

3.3.3 導体球と点電荷の場合

〔1〕 接地導体球と点電荷

> **演習問題 3.5** 半径 a の導体球の中心から d の距離に点電荷 Q がある。導体球が接地されているとして，映像電荷法によって電界を求め，電気力線を描け。

💡 点電荷と球内のある点からの距離の比が一定の点の軌跡は二つの点を含む面内で円となる。平面幾何学がアポロニウスの円として教えるところである。

☞ アポロニウスの円を理解するために，2 点 $(0, 0)$, $(1, 0)$ からの距離の比が一定の点の軌跡が円群となることを確かめよ。

$In[16]:=$ `r1[x_, y_] := `$\sqrt{x^2 + y^2}$`;`

```
r2[x_, y_] := √((x - 1)² + y²);
ContourPlot[r1[x, y]/r2[x, y], {x, -1, 2}, {y, -1, 1},
  ContourShading → False, PlotPoints → 50,
  Contours → {0.2, 0.25, 0.333, 0.5,
     2, 3, 4, 5},
  AspectRatio → Automatic]
```

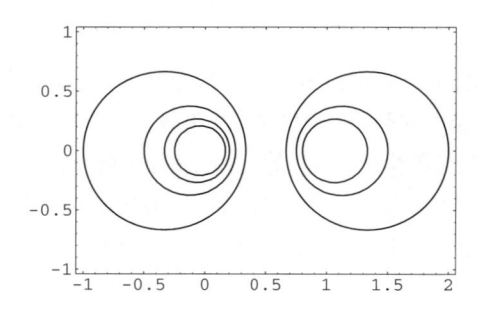

3.3 映像電荷法

💡 2点 (0,0), (1,0) を結ぶ直線を中心軸として，これらのアポロニウスの円を回転すると球ができる。この球の表面の点においても 2 点からの距離の比が一定である。この距離の比の逆比に比例する異符号の電荷を 2 点に置くと，この球面における電位はゼロとなる。2 点が点電荷と映像電荷の位置に一致し，この球がちょうど導体球に一致すれば，導体球面上の電位がゼロとなり境界条件が満足される。

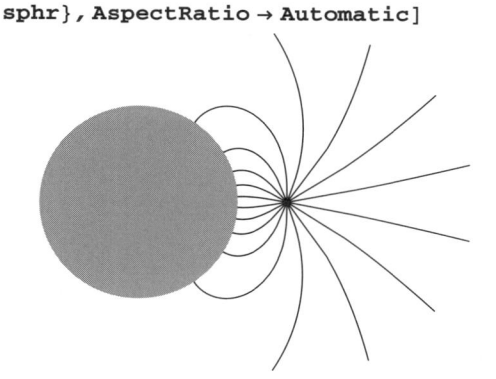

```
In[17]:= <<ExtendGraphics`FieldLines`        FieldLines
        d = 1.5; a = 1;
        d = 1.5, a = 1 とする。
        Q = 1; Q' = -(Q a)/d; b = a^2/d;
        b = a^2/d とすると，映像電荷の位置は (b, 0)，映像電荷の大きさは
        -(Q a)/d である。
        r1[x_, y_] := Sqrt[(x - d)^2 + y^2];    r2[x_, y_] := Sqrt[(x - b)^2 + y^2];
        ex = (Q (x - d))/r1[x, y]^3 + (Q' (x - b))/r2[x, y]^3;
        ey = (Q y)/r1[x, y]^3 + (Q' y)/r2[x, y]^3;
        eline = Table[FieldLine[
            {x, ex, d + 0.0001 Cos[((2 i - 1) π)/18.]},
            {y, ey, 0.0001 Sin[((2 i - 1) π)/18.]}, {t, 3}], {i, 18}];
        sphr = Graphics[
            {RGBColor[0.5, 0.5, 0.5], Disk[{0, 0}, 1]}];

        Show[{Graphics[eline],
            sphr}, AspectRatio → Automatic]
```

[2] 非接地導体球と点電荷

> **演習問題 3.6** 半径 a の導体球の中心から d の距離に点電荷 Q がある。導体球は接地されていないとして，映像電荷法によって電界を求め，電気力線を描け。

▽ この場合には，導体球のもつ全電荷は点電荷の存在によって変わることなく，ゼロである。表面の電位を等電位に保ちながら，全電荷をゼロとするために，球の中心に第二の映像電荷を置く。

```mathematica
In[18]:= <<ExtendGraphics`FieldLines`          FieldLines
        d = 1.5; a = 1;
        Q = 1; Qp = Q a / d; b = a^2 / d;
        r[x_, y_] := Sqrt[x^2 + y^2]
        r1[x_, y_] := Sqrt[(x - d)^2 + y^2];
        r2[x_, y_] := Sqrt[(x - b)^2 + y^2];
        ex = Q (x - d) / r1[x, y]^3 - Qp (x - b) / r2[x, y]^3 + Qp x / r[x, y]^3;
        ey = Q y / r1[x, y]^3 - Qp y / r2[x, y]^3 + Qp y / r[x, y]^3;
        eline =
          Table[FieldLine[{x, ex, d + 0.0001 Cos[(2 i - 1) π / 18.]},
            {y, ey, 0.0001 Sin[(2 i - 1) π / 18.]},
            {t, 3}], {i, 18}];
        sphr = Graphics[
            {RGBColor[0.5, 0.5, 0.5], Disk[{0, 0}, 1]}];
        Show[{Graphics[eline],
            sphr}, AspectRatio -> Automatic]
```

3.3 映像電荷法

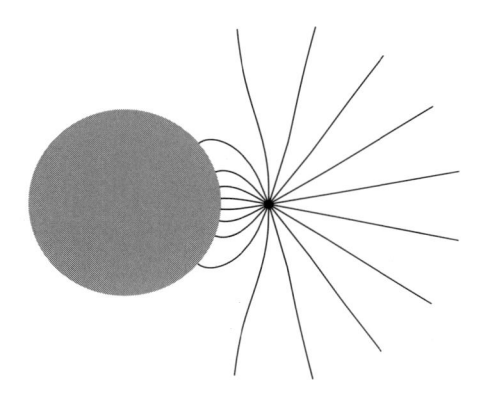

[3] 一様静電界中に導体球が置かれた場合

> **演習問題 3.7** 一様な静電界 $\hat{z}E_0$ の中に半径 a の導体球を置いたとき，導体球の近くの電界分布を映像電荷法により求め，電気力線を描け。

💡 直角座標の $(0, 0, -d)$ と $(0, 0, d)$ に点電荷 Q と $-Q$ がある場合を考える。この二点電荷のつくる静電界は，d が十分大きいとき，原点付近で一様な分布になる。この大きさが E_0 に等しいとき

$$2\frac{Q}{4\pi\varepsilon_0 d^2} = E_0, \qquad \therefore \quad Q = 2\pi\varepsilon_0 d^2 E_0$$

導体球の影響は，接地導体球と点電荷の場合を参考にすると，$(0, 0, -\frac{a^2}{d})$ と $(0, 0, \frac{a^2}{d})$ にそれぞれ $-Q\frac{a}{d}$ と $Q\frac{a}{d}$ の映像電荷により正しく反映できる。d が大きくなるとき，両映像電荷は接近し，電気ダイポールを形成する。ダイポールモーメントを E_0 を用いて表すと

$$p = 2\frac{a^2}{d}Q\frac{a}{d} = 4\pi\varepsilon_0 a^3 E_0$$

電気ダイポールによる電界は演習 2.1 より球座標を用いて

$$\boldsymbol{E} = p\frac{1}{4\pi\varepsilon_0}\left(\hat{\boldsymbol{r}}\frac{2\cos\theta}{r^3} + \hat{\boldsymbol{\theta}}\frac{\sin\theta}{r^3}\right) = \left(\frac{a}{r}\right)^3 E_0(\hat{\boldsymbol{r}}2\cos\theta + \hat{\boldsymbol{\theta}}\sin\theta)$$

また

$$\hat{\boldsymbol{z}}E_0 = (\hat{\boldsymbol{r}}\cos\theta - \hat{\boldsymbol{\theta}}\sin\theta)E_0$$

である。総合電界は

$$\frac{E}{E_0} = \hat{r}\left\{2\left(\frac{a}{r}\right)^3 + 1\right\}\cos\theta + \hat{\theta}\left\{\left(\frac{a}{r}\right)^3 - 1\right\}\sin\theta$$

$r = a$ で $E_\theta = 0$ であることが確認できる。

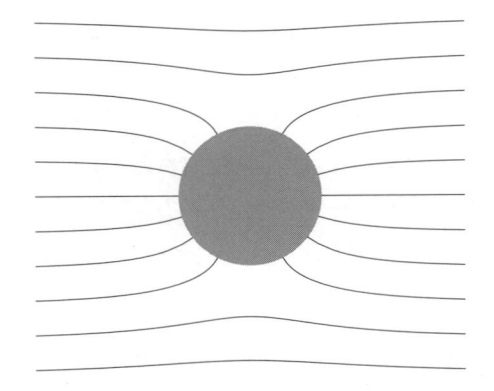

```
In[19]:= << "ExtendGraphics`FieldLines`"          FieldLines
         r[x_, y_] := √(x^2 + y^2);  a = 1;
         ex = If[r[x, y] > 1, a^3 (2 x^2 - y^2)/r[x, y]^5 + 1, 0];
         ey = If[r[x, y] > 1, a^3 3 x y/r[x, y]^5, 0];
         eline1 = Table[FieldLine[
             {x, ex, -3}, {y, ey, -3 + 0.5 i},
             {t, 3.5}], {i, 11}];
         eline2 = Table[FieldLine[
             {x, -ex, 3}, {y, -ey, -3 + 0.5 i},
             {t, 3.5}], {i, 11}];
         sphr = Graphics[
             {RGBColor[0.5, 0.5, 0.5], Disk[{0, 0}, 1]}];
         Show[{Graphics[{eline1, eline2}], sphr},
           AspectRatio → Automatic, PlotRange → All]
```

4 ラプラス方程式の解

MATHEMATICA
学習項目

♣ 変数分離の方法
♣ 調和関数
  ◇ 直角調和関数，円筒調和関数，球調和関数
♣ 調和関数によるディリクレー問題の解
♣ 複素関数論の応用
  ◇ 正則関数とコーシー・リーマンの関係式
  ◇ 等角写像

4.1 変数分離の方法

ラプラス方程式を解く有力な方法に**変数分離の方法**がある。

演習問題 *4.1* ラプラス方程式：
$$\nabla^2 V(x, y, z) = 0 \tag{4.1}$$
の解を $V(x, y, z) = X(x) \cdot Y(y) \cdot Z(z)$ と表し，変数分離せよ。

```
In[1]:= VectorAnalysis
        SetCoordinates[Cartesian[x,y,z]];
        V[x_,y_,z_] := X[x]Y[y]Z[z];
        Laplacian[V[x,y,z]]/V[x,y,z]//Expand
```

$$Out[1] = \frac{Z''[z]}{Z[z]} + \frac{Z''[z]}{Z[z]} + \frac{Z''[z]}{Z[z]}$$

4. ラプラス方程式の解

ラプラス方程式 (4.1) から，*Out[1]* はゼロであるので

$$\frac{\ddot{X}}{X} + \frac{\ddot{Y}}{Y} + \frac{\ddot{Z}}{Z} = 0. \tag{4.2}$$

ここに，¨は2階微分を表す。式 (4.2) の三項はそれぞれ x の関数，y の関数，z の関数であり，これらの和が恒等的にゼロであるためには，各項は一定でなければならない。この論理により，次の三式が得られる。すなわち，変数分離される。

$$\ddot{X} - \gamma_x^2 X = 0 \tag{4.3}$$

$$\ddot{Y} - \gamma_y^2 Y = 0 \tag{4.4}$$

$$\ddot{Z} - \gamma_z^2 Z = 0 \tag{4.5}$$

ここに，定数 $\gamma_x^2, \gamma_y^2, \gamma_z^2$ は**分離定数**と呼ばれ，その和はゼロである。すなわち

$$\gamma_x^2 + \gamma_y^2 + \gamma_z^2 = 0 \tag{4.6}$$

式 (4.3), (4.4), (4.5) は2階線形微分方程式である。

演習問題 4.2 分離された常微分方程式の解を求めよ。

In[2]:= `DSolve[X''[x] == `γ^2` X[x], X[x], x]`
         分離定数 γ_x を単に γ とした。
Out[2]= `{{X[x] → `$e^{x\gamma}$` C[1] + `$e^{-x\gamma}$` C[2]}}`

式 (4.3) は二種の独立な解：$e^{\gamma_x x}, e^{-\gamma_x x}$ をもつ。

演習問題 4.3 同様に，円筒座標 (ρ, φ, z) と球座標 (r, θ, φ) ではどのように変数分離が行えるかを *MATHEMATICA®* を用いて検討せよ。

In[3]:= `VectorAnalysis`
         `SetCoordinates[`
           `Cylindrical[`ρ, φ, z`]];`
         `V[`ρ_-, φ_-, z_-`] := R[`ρ`] P[`φ`] Z[z];`
         $\dfrac{\text{Laplacian[V[}\rho, \varphi, z\text{]]}}{\text{V[}\rho, \varphi, z\text{]}}$ `//Expand`

Out[3]= $\dfrac{R'[\rho]}{\rho R[\rho]} + \dfrac{P''[\varphi]}{\rho^2 P[\varphi]} + \dfrac{R''[\rho]}{R[\rho]} + \dfrac{Z''[z]}{Z[z]}$

```
In[4]:= SetCoordinates[Spherical[r,θ,φ]];
        V[r_,θ_,φ_] := R[r] T[θ] P[φ];
        Expand[Laplacian[V[r,θ,φ]] / V[r,θ,φ]]
```
$Out[4]= \dfrac{R'[r]}{r R[r]} + \dfrac{\mathrm{Cot}[\theta]T'[\theta]}{r^2 T[\theta]} + \dfrac{\mathrm{Csc}[\theta]^2 P''[\varphi]}{r^2 P[\varphi]} + \dfrac{R''[r]}{R[r]} + \dfrac{T''[\theta]}{r^2 T[\theta]}$

MATHEMATICA® による上の結果から変数分離が可能らしいことが伺えよう。変数分離の詳細と，得られる微分方程式の解については次節にまとめる。

4.2 調和関数

ラプラス方程式の解を**調和関数**という。

4.2.1 直角調和関数

式 (4.3), (4.4), (4.5) はそれぞれ二種の独立な解：$\{e^{\pm\gamma_x x}, e^{\pm\gamma_y y}, e^{\pm\gamma_z z}\}$ をもつ。したがって，**直角調和関数**は次のように表される。

$$V = \left(C_1 e^{\gamma_x x} + C_2 e^{-\gamma_x x}\right) \cdot \left(C_3 e^{\gamma_y y} + C_4 e^{-\gamma_y y}\right) \cdot \left(C_5 e^{\gamma_z z} + C_6 e^{-\gamma_z z}\right) \quad (4.7)$$

式 (4.3), (4.4), (4.5) の二種の独立な解を次のような双曲線関数，あるいは指数関数と双曲線関数の組合せとしてもよい。応用の対象によって都合のよいほうを選んで用いる。

$$\begin{aligned}V = &\left(C_7 \cosh \gamma_x x + C_8 \sinh \gamma_x x\right) \\ &\cdot \left(C_9 \cosh \gamma_y y + C_{10} \sinh \gamma_y y\right) \\ &\cdot \left(C_{11} \cosh \gamma_z z + C_{12} \sinh \gamma_z z\right)\end{aligned} \quad (4.8)$$

分離定数は実数か純虚数であるとすると，2乗和がゼロであるので，少なくとも一つは実数，少なくとも一つは純虚数である。純虚数の分離定数に対しては，双曲線関数は三角関数となる。

4.2.2 円筒調和関数

演習問題 4.4 円筒座標 (ρ, φ, z) においてラプラス方程式を変数分離せよ。

In[5] から In[12] までは同一のノートブックで実行するものとする

In[5]:= `VectorAnalysis`
`SetCoordinates[Cylindrical[ρ, φ, z]];`

V が ρ のみに依存するとして *Out[3]* のラプラス方程式を解く。

In[6]:= `DSolve`$\left[\dfrac{R'[\rho]}{\rho R[\rho]} + \dfrac{R''[\rho]}{R[\rho]} == 0, R[\rho], \rho\right]$

Out[6]= $\{\{R[\rho] \to C[2] + C[1]\, \text{Log}[\rho]\}\}$

V が z に依存せず，φ に関しては周期的解：$e^{\pm jn\varphi}$ となるときのラプラス方程式を解く。

In[7]:= `DSolve`$\left[\dfrac{R'[\rho]}{\rho R[\rho]} + \dfrac{-n^2}{\rho^2} + \dfrac{R''[\rho]}{R[\rho]} == 0, R[\rho], \rho\right]$

Out[7]= $\{\{R[\rho] \to C[1]\, \text{Cosh}[n\, \text{Log}[\rho]] + i\, C[2]\, \text{Sinh}[n\, \text{Log}[\rho]]\}\}$

この解は $\{\rho^n, \rho^{-n}\}$ と簡単化できる。φ 方向に変化がないときのラプラス方程式を変数分離して解く。

In[8]:= `V[ρ_, φ_, z_] := R[ρ] Z[z];`
$\dfrac{\text{Laplacian}[V[\rho, \varphi, z]]}{V[\rho, \varphi, z]}$ `//Expand`

Out[8]= $\dfrac{R'[\rho]}{\rho R[\rho]} + \dfrac{R''[\rho]}{R[\rho]} + \dfrac{Z''[z]}{Z[z]}$

In[9]:= `DSolve`$\left[\dfrac{Z''[z]}{Z[z]} == h\wedge 2, Z[z], z\right]$
`DSolve`$\left[\dfrac{R'[\rho]}{\rho R[\rho]} + \dfrac{R''[\rho]}{R[\rho]} == -h^2, R[\rho], \rho\right]$

Out[9]= $\{\{Z[z] \to e^{hz} C[1] + e^{-hz} C[2]\}\}$

Out[9]= $\{\{R[\rho] \to \text{BesselJ}[0, h\rho]\, C[1] + \text{BesselY}[0, h\rho]\, C[2]\}\}$

φ に関しては $\cos n\varphi$, z に関しては e^{jhz} の変化をするとしてラプラス方程式を解く。

$In[10]:=$ **V[$\rho\_$, $\varphi\_$, z$\_$] := R[ρ] Cos[nφ] e^{hz};**
$\quad\quad\quad\dfrac{\text{Laplacian[V[}\rho,\varphi,z\text{]]}}{\text{V[}\rho,\varphi,\text{z]}}$ **//Expand**

$Out[10]=$ $h^2 - \dfrac{n^2}{\rho^2} + \dfrac{R'[\rho]}{\rho R[\rho]} + \dfrac{R''[\rho]}{R[\rho]}$

$In[11]:=$ **R[ρ] % //Simplify**
$Out[11]=$ $\left(h^2 - \dfrac{n^2}{\rho^2}\right) R[\rho] + \dfrac{R'[\rho]}{\rho} + R''[\rho]$

$In[12]:=$ **DSolve$\left[\left(h^2 - \dfrac{n^2}{\rho^2}\right) R[\rho] + \dfrac{R'[\rho]}{\rho} + R''[\rho] == 0, R[\rho], \rho\right]$**
$Out[12]=$ {{R[ρ] $\to$ BesselJ[n, hρ] C[1] + BesselY[n, hρ] C[2]}}

以上から，**円筒調和関数**は次のように表されることがわかった。ここに，関数：BesselJ[$n, h\rho$], BesselY[$n, h\rho$] はそれぞれ n 次のベッセル関数，n 次のノイマン関数である。通常，これらは $J_n(h\rho)$，$Y_n(h\rho)$ と書く。純虚数の変数に対しては，通常これらは実変数の**変形ベッセル関数** I_n，K_n に置き換えて表現される。

$$V = \left(C_1 \text{BesselJ}[n, h\rho] + C_2 \text{BesselY}[n, h\rho]\right)$$
$$\cdot \left(C_3 \cos n\varphi_4 \sin n\rho\right)$$
$$\cdot \left(C_5 e^{hz} + C_6 e^{-hz}\right) \quad (4.9)$$

演習問題 4.5　0次のベッセル関数とノイマン関数のグラフを描け。

$In[13]:=$ **Plot[{BesselJ[0,x],BesselY[0,x]},{x,0,10},**
$\quad\quad\quad$**PlotStyle $\to$ {Dashing[{0.01,0.}],**
$\quad\quad\quad$**Dashing[{0.02,0.01}]}]**

80   4. ラプラス方程式の解

```
In[14]:= Plot[{BesselJ[0, I x], Re[BesselY[0, I x]]},
         {x, 0., 1.},
         PlotStyle → {Dashing[{0.01, 0.}],
         Dashing[{0.02, 0.01}]}]
```

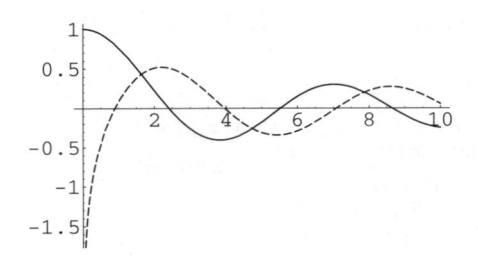

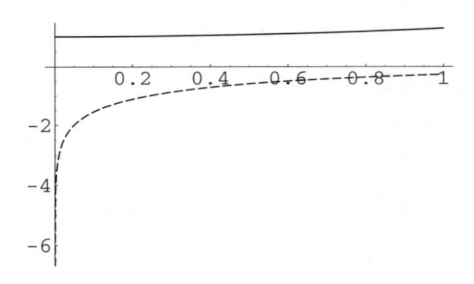

4.2.3 球面調和関数

演習問題 4.6 球面座標 (r, θ, φ) におい $V = R[r]\,\Theta[\theta]\,\cos m\varphi$ と表して, ラプラス方程式を変数分離せよ.

ここでも, In[15] から In[22] までは同一のノートブックで実行するものとする.

```
In[15]:= VectorAnalysis
         SetCoordinates[Spherical[r, θ, φ]];
         V[r_, θ_, φ_] := R[r] Θ[θ] Cos[m φ];
         Expand[ Laplacian[V[r, θ, φ]] / V[r, θ, φ] ]
```

4.2 調和関数

$$Out[15] = -\frac{m^2 \operatorname{Csc}[\theta]^2}{r^2} + \frac{2\,R'[r]}{r\,R[r]} + \frac{\operatorname{Cot}[\theta]\,\Theta'[\theta]}{r^2\,\Theta[\theta]} + \frac{R''[r]}{R[r]} + \frac{\Theta''[\theta]}{r^2\,\Theta[\theta]}$$

φ に関して $\cos m\varphi$ の変化を考えたが, $\sin m\varphi$, $e^{\pm im\varphi}$ 等に置き換えても変わらない。一般解はこれらの重ね合わせである。

分離定数を $n(n+1)$ とおいて, $R[r]$ に関する微分方程式を解く。n は任意であり, このようにおいてよい。

$In[16] :=$ `DSolve`$\left[\dfrac{2\,r\,R'[r]}{R[r]} + \dfrac{r^2\,R''[r]}{R[r]} == n\,(n+1),\,R[r],\,r\right]$

$Out[16] = \{\{R[r] \to r^{-1-n}\,C[1] + r^n\,C[2]\}\}$

分離定数を $n(n+1)$ としたために $R[r]$ の解は簡単な形で表せている。同じ分離定数に対して, $\Theta[\theta]$ に対する微分方程式を解く。

$In[17] :=$ `DSolve[(n (n + 1) - m`^{2} `Csc[`θ`]`^{2}`)` Θ`[`θ`] + Cot[`θ`]` Θ'`[`θ`] +`
$\qquad\quad\Theta''$`[`θ`] == 0,` Θ`[`θ`],` θ`]`

$Out[17] =$ DSolve[(n (1 + n) − m^2 Csc[θ]^2) Θ[θ] + Cot[θ] Θ'[θ] + Θ''[θ] == 0, Θ[θ], θ]

このままでは, MATHEMATICA® は答えを返さない。そこで, $t = \cos\theta$ の変数変換を行うことにする。$\Theta'[\theta]$ と $\Theta''[\theta]$ を t による微分に変換する。

$In[18] :=$ $\partial_\theta\Theta$`[Cos[`θ`]]`

$Out[18] = -\operatorname{Sin}[\theta]\,\Theta'[\operatorname{Cos}[\theta]]$

$In[19] :=$ $\partial_{\{\theta,2\}}\Theta$`[Cos[`$\theta$`]]`

$Out[19] = -\operatorname{Cos}[\theta]\,\Theta'[\operatorname{Cos}[\theta]] + \operatorname{Sin}[\theta]^2\,\Theta''[\operatorname{Cos}[\theta]]$

$In[20] :=$ `(n (n + 1) − m`^{2} `Csc[`θ`]`^{2}`)` Θ`[`θ`] −`
$\qquad\quad$`Cot[`θ`] Sin[`θ`]` Θ'`[Cos[`θ`]] − Cos[`θ`]` Θ'`[Cos[`θ`]] +`
$\qquad\quad$`Sin[`θ`]`^{2} Θ''`[Cos[`θ`]] /. {Cos[`θ`]` $\to$ `t, Sin[`θ`]` $\to \sqrt{1-t^2}$`,`
$\qquad\quad$`Csc[`θ`]` $\to \dfrac{1}{\sqrt{1-t^2}}\}$

$Out[20] = \left(n\,(1+n) - \dfrac{m^2}{1-t^2}\right)\Theta[\theta] - 2t\,\Theta'[t] + (1-t^2)\,\Theta''[t]$

4. ラプラス方程式の解

$\Theta[t]$ に関する微分方程式を解く。

```
In[21]:= DSolve[(n (1 + n) - m²/(1 - t²)) Θ[t] - 2 t Θ'[t]
             +(1 - t²) Θ''[t] == 0, Θ[t], t]
Out[21]= {{Θ[t] → C[1] LegendreP[n, m, t]+
             C[2] LegendreQ[n, m, t]}}

In[22]:= Θ[θ] = %[[1, 1, 2]] /. {t → Cos[θ]}
Out[22]= C[1] LegendreP[n, m, Cos[θ]]+
             C[2] LegendreQ[n, m, Cos[θ]]
```

LegendreP[n,0,t] と LegendreQ[n,0,t] は通常，$P_n(t)$, $Q_n(t)$ と表し，第一種および第二種のルジャンドル関数と呼ぶ。n は複素数でよい。n が整数のとき，ルジャンドル関数はルジャンドル多項式とも呼ばれる。LegendreP[n,m,t] と LegendreQ[n,m,t] は通常，$P_n^m(t)$, $Q_n^m(t)$ と表し，$P_n(t)$ と $Q_n(t)$ の陪関数と呼ぶ。

以上から，球座標による調和関数，球面調和関数は次のように表現される。

$$V = \left(C_1 r^{-n-1} + C_2 r^n\right)$$
$$\cdot \left(C_3 P_n^m(\cos\theta) + C_4 Q_n^m(\cos\theta)\right)$$
$$\cdot \left(C_5 \cos m\varphi + C_6 \sin m\varphi\right) \tag{4.10}$$

演習問題 4.7 ルジャンドル多項式 $\{P_n(\cos\theta), Q_n(\cos\theta); (m = 0, 1, 2, 3)\}$ のグラフを描け。ただし，LegendreP[n,0,t] は LegendreP[n,t] と書いてよい。Q関数についても同じである。

```
In[23]:= Plot[{LegendreP[0, Cos[θ]],
           LegendreP[1, Cos[θ]],
           LegendreP[2, Cos[θ]],
           LegendreP[3, Cos[θ]]}, {θ, 0, π},
         PlotStyle → {Dashing[{0.03, 0.}],
            Dashing[{0.03, 0.01}],
            Dashing[{0.01, 0.01}],
            Dashing[{0.01, 0.03}]}]
```

```
In[24]:= Plot[{LegendreQ[0,Cos[θ]],
         LegendreQ[1,Cos[θ]],
         LegendreQ[2,Cos[θ]],
         LegendreQ[3,Cos[θ]]},{θ,0,π},
        PlotStyle→{Dashing[{0.03,0.}],
         Dashing[{0.03,0.01}],
         Dashing[{0.01,0.01}],
         Dashing[{0.01,0.03}]}]
```

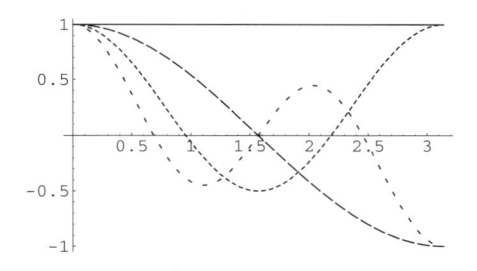

4.3 調和関数によるディリクレー問題の解

4.3.1 直角調和関数とディリクレー問題

　ディリクレー問題を数値的でなく，解析的に解く第一歩は電位を前節で求めた調和関数の重ね合わせで表現することである．展開係数を境界条件を適用して決定すると解が調和関数の級数の形で求まる．このとき，多くの調和関数が具備する直交性が役立つ．式 (4.8) において $x = 0, a$ と $y = 0, b$ の 4 面で $V = 0$ を満たすには，任意の整数 n, m を用いて $\gamma_x = \dfrac{jn\pi}{a}$, $\gamma_y = \dfrac{jm\pi}{b}$ と純

演習問題 4.8 図 **4.1**に示すような，6枚の導体板で囲まれた$a \times b \times c$の直方体領域がある。導体板は5枚が接地され，$z = c$に位置する1枚の導体板だけが電位$V_0 = 1$が与えられている。導体板で囲まれた直方体領域の電位分布を求め，$z = 0.1c \sim 0.9c$に対して電位分布の変化をアニメーションで観察せよ。

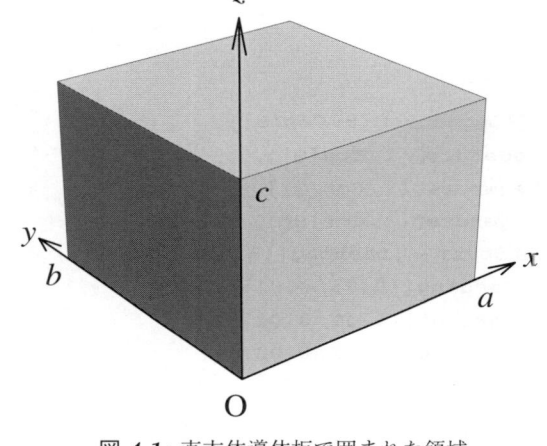

図 **4.1**: 直方体導体板で囲まれた領域

虚数に選べばよい。そうすれば，xとyの関数は三角関数となる。このとき，γ_zは式(4.6)より

$$\gamma_z = \sqrt{\left(\frac{n\pi}{a}\right)^2 + \left(\frac{m\pi}{b}\right)^2} \tag{4.11}$$

となり，実数となる。したがって，zの関数は指数関数あるいは双曲線関数となるが，その中で$z = 0$で$V = 0$，$z = c$で$V = 1$を満たす関数は

$$\sinh \gamma_z z$$

である。以上から，この問題に適する電位を次のように展開することができる。

$$V = \sum_{n=1}^{\infty} \sum_{m=1}^{\infty} C_n m \sin\frac{n\pi}{a}x \sin\frac{m\pi}{b}y \sinh\sqrt{\left(\frac{n\pi}{a}\right)^2 + \left(\frac{m\pi}{b}\right)^2}z \tag{4.12}$$

4.3 調和関数によるディリクレー問題の解

式 (4.12) において，$z = c$ とおくと，題意より $V = 1$ となるから

$$\sum_{n=1}^{\infty}\sum_{m=1}^{\infty} C_{nm} \sin\frac{n\pi}{a}x \sin\frac{m\pi}{b}y \sinh\sqrt{\left(\frac{n\pi}{a}\right)^2 + \left(\frac{m\pi}{b}\right)^2}\, c = 1 \quad (4.13)$$

式 (4.13) は $0 \leq x \leq a$, $0 \leq y \leq b$ のすべての x と y に対して成り立たねばならない．式 (4.13) をよく観察してみると，これはフーリエ級数である．フーリエ級数の理論に従って係数 C_{nm} を決定すればよいことに気づく．結果は次のようになる．

$$C_{nm} = \begin{cases} \dfrac{16}{nm\pi^2 \sinh\sqrt{\left(\frac{n\pi}{a}\right)^2 + \left(\frac{m\pi}{b}\right)^2}\, c} & (n \text{ と } m \text{ が共に奇数の場合}) \\ 0 & (\text{その他の場合}) \end{cases} \quad (4.14)$$

[Animation]

```
In[25]:= nm = 5; a = 1; b = 1; c = 1;
         an = Table[(2 n - 1)π/a, {n, 1, nm}];
         bm = Table[(2 m - 1)π/b, {m, 1, nm}];
         gnm = Table[Sqrt[an[[n]]^2 + bm[[m]]^2],
             {n, 1, nm}, {m, 1, nm}];
         cnm = Table[16/((2 n - 1)(2 m - 1)π^2
             Sinh[gnm[[n, m]] c]), {n, 1, nm}, {m, 1, nm}];
         v[x_, y_, z_] := Sum[cnm[[n, m]] Sin[an[[n]] x]
             Sin[bm[[m]] y] Sinh[gnm[[n, m]] z],
             {n, 1, nm}, {m, 1, nm}];

In[26]:= << Version5`Graphics`
         << Graphics`Animation`
         Animate[Plot[v[x, y, 0.05 t], {x, 0, 1}, {y, 0, 1},
             PlotRange → {0, 1}, ViewPoint → {1.3, -2.4, 1},
             AxesLabel → {"x", "y", "v"}], {t, 1, 19}];
         << Version6`Graphics`
```

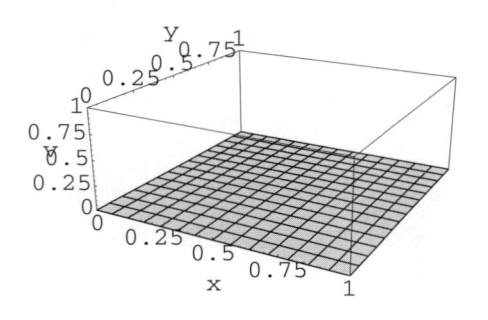

4.3.2 円筒調和関数とディリクレー問題

> **演習問題 4.9** 半径1の円筒面が $0 \leq \varphi < \pi$ と $\pi \leq \varphi < 2\pi$ の二部分に分かれ，それぞれ電位1と-1が与えられている。z 方向に変化のない場合の円筒調和関数は $Out[7]$ から
>
> $$V = \left(C_1 \rho^n + C_2 \rho^{-n}\right) \cdot \left(C_3 \cos n\varphi + C_4 \sin n\varphi\right) \tag{4.15}$$
>
> これを応用して，円筒内部の電位分布を求めよ。

💡 まず，$\rho = 1$ の電極上の電位関数を定義する。次に，これを等間隔の離散点で誤差が最小になるように近似する $\sin n\varphi$ の級数を決定する。このために関数 **Fit** が便利に使える。

```
In[27]:= BV[φ_] := If[φ < π, 1, -1];

In[28]:= num = 31; m = Range[num];
         mp = π(2 m - 1)/num ; mv = {mp, BV /@ mp};
           /@は関数 Map の短縮形

         m1 = Range[num/2]; ms = Sin[m1 φ];
           関数 Sin の Listable の属性を利用する。
         f[φ_] = Fit[Transpose[mv], ms, φ]
```

4.3 調和関数によるディリクレー問題の解

```
Out[28]= 1.27215 Sin[φ]+
         0.00656065 Sin[2 φ] + 0.421139 Sin[3 φ]+
         0.0132584 Sin[4 φ] + 0.249176 Sin[5 φ]+
         0.0202421 Sin[6 φ] + 0.174199 Sin[7 φ]+
         0.0276861 Sin[8 φ] + 0.131525 Sin[9 φ]+
         0.0358094 Sin[10 φ] + 0.103507 Sin[11 φ]+
         0.0449046 Sin[12 φ] + 0.083348 Sin[13 φ]+
         0.0553853 Sin[14 φ] + 0.0678709 Sin[15 φ]

In[29]:= Plot[{f[φ],BV[φ]},{φ,0,2π}]
```
与えた境界値と，有限正弦級数の与える値を比較してグラフ表示する．

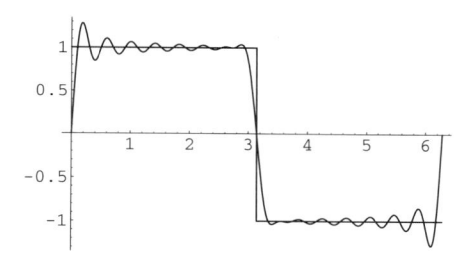

```
In[30]:= Off[General :: spell1]
         V[ρ_,φ_] =
         If[ρ < 1, 1.2721 ρ Sin[φ] + 0.0065 ρ² Sin[2 φ]+
             0.4211 ρ³ Sin[3 φ] + 0.0133 ρ⁴ Sin[4 φ]+
             0.2492 ρ⁵ Sin[5 φ] + 0.0202 ρ⁶ Sin[6 φ]+
             0.1742 ρ⁷ Sin[7 φ] + 0.0277 ρ⁸ Sin[8 φ]+
             0.1315 ρ⁹ Sin[9 φ] + 0.0358 ρ¹⁰ Sin[10 φ]+
             0.1035 ρ¹¹ Sin[11 φ] + 0.0449 ρ¹² Sin[12 φ]+
             0.0833 ρ¹³ Sin[13 φ] + 0.0554 ρ¹⁴ Sin[14 φ]+
             0.0679 ρ¹⁵ Sin[15 φ], 0];
```
内部領域（$\rho < 1$）の電位分布

88　　4.　ラプラス方程式の解

```
In[31]:=  🌸🌸  <<Version5`Graphics`
          <<Graphics`Graphics3D`
          g3d = ShadowPlot3D[
            V[√(x²+y²), ArcTan[x, y]], {x, -1, 1}, {y, -1, 1},
            PlotPoints → 51, Axes → True,
            ShadowPosition → 1]
```
内部領域の電位分布の3次元表示

> 文法　関数 **Map** の短縮形 **/@** は，左側の関数を右側のリストの第1レベルにある各要素に作用させる。定義した関数がリスタブルでないときに便利に使われる。

> ✎ $\sin n\varphi$ の対になる ρ の関数は，ρ^n と ρ^{-n} であるが，$\rho = 0$ を含む内部領域全体で有効な関数は ρ^n であるので，*Out[28]* から *In[30]* の内部領域の電位の表現を導くことができる。

> ☞ **num** の値を変えて，結果がどのようになるかを調べてみよ。

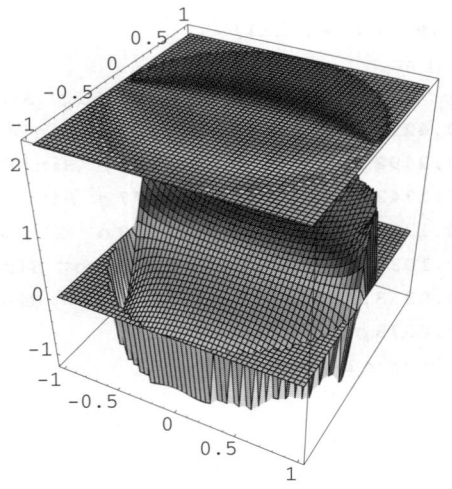

JaveView

4.4 複 素 関 数

4.4.1 コーシー・リーマンの関係式と 2 次元調和関数

解析的な複素関数：**解析関数**は 2 次元静電界の解析にしばしば応用される。それは，解析関数の実部と虚部は共にラプラス方程式を満たすからである。そして，実部あるいは虚部の片方を電位関数であるとすると，他方は電束関数として有用である。例えば，実部 $u(x, y)$ が電位関数であるとしよう。このとき，虚部 $v(x, y)$ が一定の軌跡は電気力線に一致する。そして，電束関数：$\psi \triangleq -\varepsilon_0 v$ を定義すると，電極表面に沿って 1 周するときの電束関数の変化量は，電極の軸方向の単位長に分布する電荷量に一致する。

> 🖉 解析的な複素関数（**正則関数**ともいう）に関するコーシー・リーマンの関係式を復習し，解析関数の実部と虚部は共にラプラス方程式を満たし，したがって 2 次元調和関数となることを理解しておこう。

演習問題 *4.10* $w = (x + jy)^{17}$ の実部 u と虚部 v が共にラプラス方程式を満たすこと，すなわち 2 次元調和関数であることを確かめよ。

```
In[32]:= w[x_, y_] := (x + I y)^17
        re[x_, y_] = ComplexExpand[Re[w[x, y]]]
```

$Out[32]= x^{17} - 136 x^{15} y^2 + 2380 x^{13} y^4 - 12376 x^{11} y^6 + 24310 x^9 y^8 -$
$\qquad 19448 x^7 y^{10} + 6188 x^5 y^{12} - 680 x^3 y^{14} + 17 x y^{16}$

```
In[33]:= im[x_, y_] = ComplexExpand[Im[w[x, y]]]
```

$Out[33]= 17 x^{16} y - 680 x^{14} y^3 + 6188 x^{12} y^5 - 19448 x^{10} y^7 + 24310 x^8 y^9 -$
$\qquad 12376 x^6 y^{11} + 2380 x^4 y^{13} - 136 x^2 y^{15} + y^{17}$

```
In[34]:= VectorAnalysis
        SetCoordinates[Cartesian[x, y, z]];
        Laplacian[re[x, y]]
```

Out[34]= 0

In[35]:= **Laplacian[im[x,y]]**

Out[35]= 0

4.4.2 等角写像

解析関数 $w = f(z)$ があったとしよう。この関数は $z = x + jy$ の複素平面上のある曲線を $w = u + jv$ の複素平面上の別の曲線に写像する。このとき，z 面上である角度で交わる 2 曲線は w 面上でも等しい角度で交わる。この理由によって解析関数による写像は**等角写像**であるという。

静電界の電気力線と等電位線は直交する。z 面上の x 軸に平行な直線群と y 軸に平行な直線群はたがいに直交しているので，電気力線と等電位線になる資格がある。平行板コンデンサの中の電気力線と等電位線はその例である。これらが w 面上では異なる曲線群に写像され，しかし直交性は保たれるので別の電気力線と等電位線のペアとなり得る。もし，これらたがいに直交する曲線の形状の片方がある電極構造の形状と一致すれば，これに直交する曲線群は等電位線であるにちがいない。すなわち，ある電極に対して，このような解析関数が見つかれば，そのような電極のまわりの電気力線と等電位線がすぐ求まっていることになる。すなわち，境界値問題は解けたことになる。

> 演習問題 4.11 *MATHEMATICA*® （下位バージョン）で解析関数の実部と虚部の等高線を描くための関数：**CartesianMap** を調べよ。

In[36]:= **<<Version5`Graphics`**
         <<Graphics`ComplexMap`

In[37]:= **?CartesianMap**

4.4 複素関数

CartesianMap[f,{x0,x1,(dx)}, {y0,y1,(dy)}] plots the image of the cartesian coordinate lines under the function f. The default values of dx and dy are chosen so that the number of lines is equal to the value of the option Lines. 詳細

In[38]:= **<< Version6`Garphics`** 🌸🌸

CartesianMap[f, {x0, x1, (dx)}, {y0, y1, (dy)}] はz面上の両座標軸に平行な格子状の線を，指定されたz面上の範囲と間隔に対して写像し，w面上にプロットする．われわれの場合には，w面上の格子線のz面上への写像が電気力線と等電位線である．したがって，$z = f^{-1}(w)$ の関係にある関数：f^{-1} を用いなければならない．

> 演習問題 4.12　$z = \sin w$, $w = \arcsin z$ はリボン状電極に応用できる．この関数に対する電気力線と等電位線を描け．

In[39]:= **<< Version5`Graphics`** 🌸🌸
　　　　　 << Graphics`ComplexMap`
　　　　　 CartesianMap[Sin,
　　　　　　 {0, 2π}, {-3, 3}, PlotRange → {{-3, 3}, {-3, 3}},
　　　　　　 Axes → False, Frame → False];

In[40]:= **ParametricPlot[Through[{Re, Im}[Sin[x + I * y]]],**
　　　　　 {x, 0, 2π}, {y, -3, 3}, PlotRange →
　　　　　　 {{-3, 3}, {-3, 3}}, Axes → False, Frame → False]
　　　　　 << Version6`Graphics` 🌸🌸

文法 **Through[{Re,Im}[Sin[x+I y]]]** は **Re[Sin[x+I y]],Im[Sin[x+I y]]** を与える．

92   4. ラプラス方程式の解

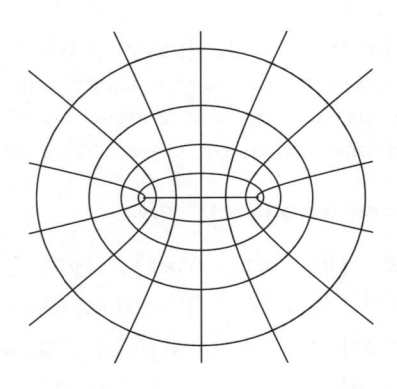

演習問題 4.13 $z = \cosh w$ と $z = \frac{1}{2}\left(w - \frac{1}{w}\right)$ に対して同様な図を得よ。そして，これらがどのような静電界の問題に応用できるかを考えよ。

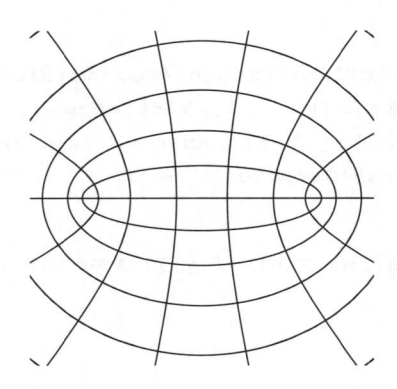

```
In[41]:= << Version5`Graphics`
        << "Graphics`ComplexMap`"
        CartesianMap[Cosh, {-2, 2}, {-π, π},
          PlotRange → {{-1.5, 1.5}, {-1.5, 1.5}},
          Axes → False, Frame → False];
        << Version6`Graphics`
```

```
In[42]:= CartesianMap[ 1/2 (#1 - 1/#1) &, {-5, 0, 0.2}, {-5, 5, 0.2},
          Lines → 30, Axes → False,
          PlotRange → {{-2, 2}, {-2, 2}}]
```

4.4 複素関数

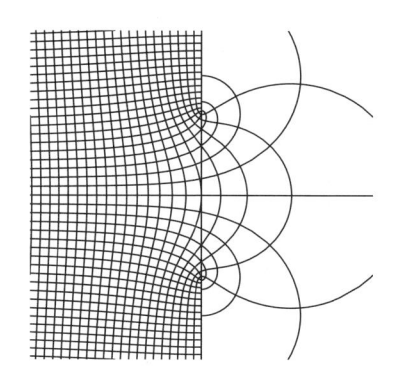

演習問題 4.14 平行円筒電極の問題は $w = K \log \dfrac{z-a}{z+a}$ の関数が応用できる。ここに，K は定数，a は電極中心間の距離の半分である。この関数を用いて，平行円筒電極の付近の等電位線と電気力線の分布を描け。

```
In[43]:= <<Version5`Graphics`
         <<Graphics`ComplexMap`

In[44]:= CartesianMap[(1 + e^#1)/(1 - e^#1)&,
         {-3,3},{-3,3}];
         <<Version6`Graphics`
```

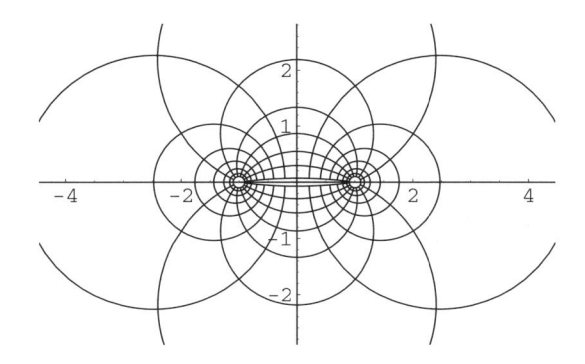

> 文法　In[42] と In[44] では純関数を用いた。関数定義のコマンドと，関数使用のコマンドを兼ねることができるので，便利なときがある。

4.4.3 平行板電極

平行板電極の端における等電位線と電気力線の分布を求めることは重要で興味ある問題である。図 *4.2* は 2 枚の電極の中央に接地板を置いた構造を示している。古くは**マクスウェル**（J. C. Maxwell）により解かれ，等電位線と電気力線の図がマクスウェルによる名著の表紙を飾っている[*1] 幸いにして，この問題に対して次の関数が応用できる[*2]。

$$z = \frac{h}{\pi}\left(e^{\frac{\pi w}{V_0}} - 1 - \frac{\pi w}{V_0} + j\pi\right) \tag{4.16}$$

ここに，h は平行電極板間の間隔の半分，V_0 は図 *4.2* における $y = h$ の接地されていない電極の電位である。

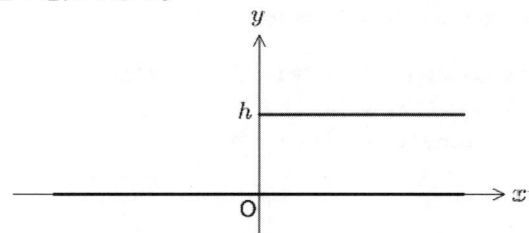

図 *4.2*: 平行板電極間の半分の領域

> **演習問題** *4.15* 関数 (4.16) を用いて，平行板電極間の電気力線と等電位線を描け。マクスウェルの著書の図と同じ向きになるように，電極の位置を図 *4.2* とは左右に反転して描こう。

[*1] James Clerk Maxwell：A Treatise on Electricity & Magnetism, Clarendon Press(1981)；Dover Publications.,Inc.(1954(unabridged, sligntly altered, republication))

[*2] S.Ramo, J.R.Whinnery, T.V.DUZER：Fields and Waves in Communication Electronics, pp.342–343, John Wiley & Sons (1965,1984)

```
In[45]:= <<Version5`Graphics`
        <<Graphics`ComplexMap` f[w_] = $\frac{h \left( e^{\frac{\pi w}{V_0}} - 1 - \frac{\pi w}{V_0} + i \pi \right)}{\pi}$;
        g[w_] = -f[w]; h = π; V₀ = 1;
        gr1 = CartesianMap[g, {0, 2}, {0, 2}, Lines → 25,
            Axes → False, PlotRange → {{-8, 14}, {-14, 14}},
            DisplayFunction → Identity];
        gr2 = CartesianMap[g, {-2, 0}, {0, 2},
            Lines → 25, Axes → False,
            PlotRange → {{-8, 14}, {-14, 14}},
            DisplayFunction → Identity];
        gr3 = CartesianMap[g, {-4, -2}, {0, 2},
            Lines → 25, Axes → False,
            PlotRange → {{-8, 14}, {-14, 14}},
            DisplayFunction → Identity];
        Show[{gr1, gr2, gr3},
          DisplayFunction → $DisplayFunction];
        <<Version6`Graphics`
```

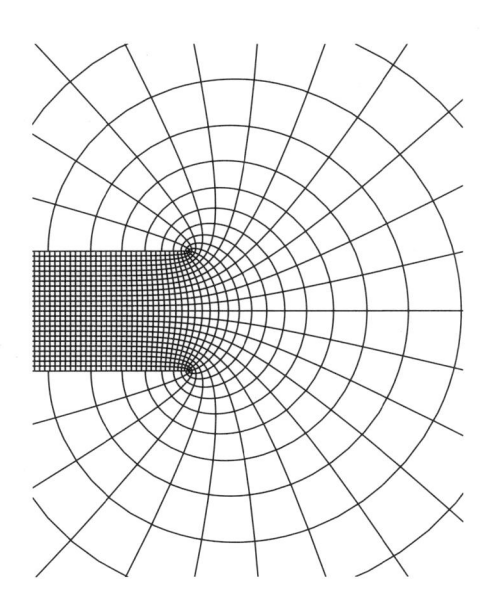

5 誘電体

- ♣ 分極電荷と電束密度
- ♣ 誘電体とコンデンサの静電容量
    - ◇ 同心円筒コンデンサ，同心球状コンデンサ
- ♣ 誘電体境界と境界条件
    - ◇ 電気力線の屈折
- ♣ 映像電荷法
    - ◇ 平面境界，誘電体球

5.1 分極電荷と電束密度

5.1.1 分極電荷

　誘電体の中の電子は，金属の中の**自由電子**のように電界に加速されても電流として流れることはない。その代わりに，正負の電荷が微小距離だけ離れ，電界の方向を向いた**電気双極子**が現れる。これを**分極する**という。この電気双極子モーメントを単位体積当りの大きさに平均化したベクトルを**分極 P** と定義する。

5.1 分極電荷と電束密度

演習問題 5.1 断面が $|x|<1$, $|y|<1$ で表せる柱状の誘電体の中に，密度が $d = x^2 + y^2 + 1$ に等しい正負の電荷が同居して打ち消し合っている。これに x 方向の外部電界を印加したら負の電荷だけが $-x$ 方向に 0.01 だけ移動した。このとき，正負の電荷は打ち消されず，ある密度で分布するように見える。この密度を求め，`Plot3D` と `ContourPlot` により図示せよ。

```
In[1]:= d[x_, y_] := If[Abs[x] < 1 && Abs[y] < 1, x^2 + y^2 + 1, 0];

        q[x_, y_] := d[x, y] - d[x + 0.01, y];
          負電荷の移動により現れる電荷の密度
        p[x_, y_] := 0.01 d[x + 0.005, y];
          分極
        gr1 = Plot3D[q[x, y], {x, -1.1, 1.1}, {y, -0.999, 0.999}
            , PlotPoints → 30, DisplayFunction → Identity];
          上位バージョンでは, DisplayFunction → Identity は不要。
        lst = (Range[19] - 10) * 0.002;
        gr2 = ContourPlot[q[x, y], {x, -1.1, 1.1},
            {y, -0.999, 0.999}, Contours → lst,
            ContourShading → False, PlotPoints → 30,
            DisplayFunction → Identity];
        Show[GraphicsArray[{gr1, gr2},
            DisplayFunction → $DisplayFunction]]
          上位バージョンでは, DisplayFunction → $DisplayFunction は不要。
```

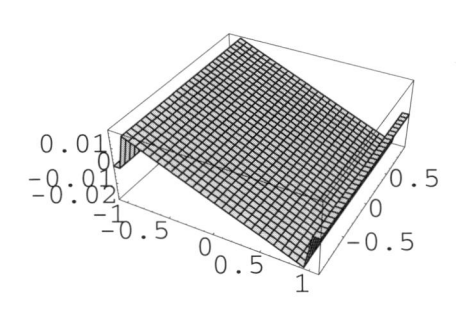

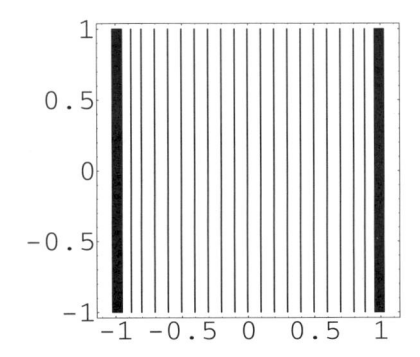

5. 誘電体

ContourPlot の結果から，端面の $x = 1$ に正の，$x = -1$ に負の電荷が現れていることがわかるであろう。

☞ この図で，**Plot3D** の図は端面の分布に正確さを欠いている。これは，計算短縮のために，**PlotPoints->30** としたためである。**PlotPoints** を大きくするとどうなるか，試してみよ。

分極 P があるとき，見かけの電荷密度は次のように求められる。これは真の電荷（**真電荷**）ではなく，**分極電荷**と呼ばれる。分極電荷は，体積中に体積密度で

$$\rho_P = -\nabla \cdot P \tag{5.1}$$

誘電体の端に面密度で

$$\sigma_P = \hat{n} \cdot P \tag{5.2}$$

ここに，$\hat{n}$ は誘電体の端面から外側に向かう法線単位ベクトルである。

In[1] に対する結果が，分極から計算される分極電荷の密度の分布図と一致するかどうか，興味のあるところである。

> **演習問題 5.2** 分極電荷の分布を描き，見かけの電荷密度と一致することを確かめよ。

💡 式 (5.1) によれば

$$\rho_P = -\frac{\partial p}{\partial x} = -0.02x \tag{5.3}$$

$$\sigma_P = \begin{cases} 0.01(y^2 + 2) & (x = 1) \\ -0.01(y^2 + 2) & (x = -1) \end{cases} \tag{5.4}$$

これらを MATHEMATICA で計算し，両者の和をプロットする。しかし，体積密度と面密度を同列に扱い，足すことはできない。面密度を等高線の間隔で割っておき，体積密度に変えることにする。*In[1]* に引き続いて，次を入力する。

5.1 分極電荷と電束密度

```
In[2]:= q1[x_,y_] = -∂_x p[x,y];
    分極電荷の体積密度 ($\rho_p$)
    q2[x_,y_] = If[x < 0.995&&x > 0.985||x > -1.005&&x < -0.995,
        Sign[x] p[x,y], 0];
    分極電荷の面密度 ($\sigma_p$)
    gr3 = Plot3D[q1[x,y] + q2[x,y],
        {x,-1.1,1.1}, {y,-0.999,0.999},
        PlotPoints → 30, DisplayFunction → Identity];
    gr4 = ContourPlot[q1[x,y] + q2[x,y],
        {x,-1.1,1.1}, {y,-0.999,0.999},
        Contours → 1st, ContourShading → False,
        PlotPoints → 30, DisplayFunction → Identity];
    Show[GraphicsArray[{gr3, gr4},
        DisplayFunction → $DisplayFunction]]
```

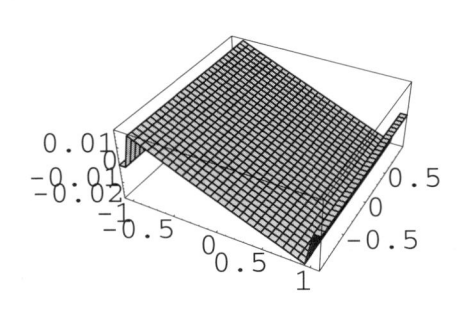

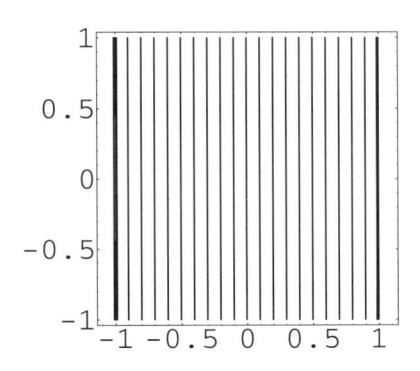

☞ *In[2]* に対する結果はほとんど *In[1]* に対する結果と同じであることが認められよう．両者が一致する理由を考えて，分極と分極電荷の意味を理解しておこう．

5.1.2 電束密度

真電荷密度を単に ρ，分極電荷密度を ρ_P とすると，両者は電界をつくる源として同じ資格をもつ。したがって，ガウスの定理の微分形は次のようになる。

$$\nabla \cdot \boldsymbol{E} = \frac{\rho + \rho_P}{\varepsilon_0} \tag{5.5}$$

式 (5.1) を代入して整理すると，

$$\nabla \cdot (\varepsilon_0 \boldsymbol{E} + \boldsymbol{P}) = \rho \tag{5.6}$$

そこで，次式で**電束密度** $\boldsymbol{D}$ を定義すると，電束密度は真電荷のみを源とする電気的場となる。

$$\boldsymbol{D} \triangleq \varepsilon_0 \boldsymbol{E} + \boldsymbol{P} \tag{5.7}$$

電束密度と真電荷を結ぶガウスの定理は，式 (5.6) から微分形が次式となる。

$$\nabla \cdot \boldsymbol{D} = \rho \tag{5.8}$$

ガウスの発散定理を用いると，次の積分形が得られる。

$$\oiint_S \boldsymbol{D} \cdot \hat{\boldsymbol{n}} dS = \iiint_V \rho dV \tag{5.9}$$

5.2 誘電体とコンデンサ

コンデンサの**静電容量**を大きくするために誘電体が使われる。電極上の電荷は真電荷であり，この密度は電束密度に等しい。電界はそれを誘電率で割った値であるので，電荷を一定に保って誘電率を大きくすると誘電体中の電界は誘電率に反比例して小さくなる。電極間の電圧は電界の積分値であるので同様に小さくなる。したがって，電荷と電圧の比に等しい静電容量は電極間に誘電体を入れることによって，誘電率に比例して大きくなる。

5.2.1 同心円筒コンデンサ

演習問題 5.3 半径aの内導体と内半径$b (b > a)$の外導体からなる同心円筒コンデンサを考える。内部は誘電体で満たされていて，誘電率εは円筒座標の径座標ρの関数であるとする。電界強度をコンデンサ内で一定値e_0となるように，誘電率分布を決定し，このときの単位長当りの静電容量Cを求めよ。

💡 単位長当りの電荷$q \, [\mathrm{Cm^{-1}}]$に対して，電束密度，電界，電位差の順に求め，最後に単位長当りの静電容量を求める。

電束密度$D(\rho)$は真電荷のみに関係するので，誘電率によらず，ガウスの定理(5.9) によって次のようになる。

$$D(\rho) = \frac{q}{2\pi\rho} \tag{5.10}$$

電界は

$$E(\rho) = \frac{D}{\varepsilon(\rho)} = \frac{q}{2\pi\varepsilon(\rho)\rho} \tag{5.11}$$

```
In[3]:= Clear["Global`*"]
        e[ρ_] := q/(2 π ε[ρ] ρ);
```
　　　　電界のこの**q, ρ, ε**による表現式において，**ρ = a**での電界が
　　　　e₀に等しい条件から電荷**q**を定める。
```
        Solve[e[a] == e₀, q]
Out[3]= {{q → 2 a π e₀ ε[a]}}

In[4]:= q = %[[1, 1, 2]]
Out[4]= 2 a π e₀ ε[a]

In[5]:= e[ρ]//Simplify
```
　　　　求めた**q**を使って，電界の表現を簡単化する。
$$Out[5]= \frac{a\, e_0\, \varepsilon[a]}{\rho\, \varepsilon[\rho]}$$

```
In[6]:= Solve[e[ρ] == e₀, ε[ρ]]
```
　　　　電界が一定値**e₀**になるとして，**ε[ρ]**を求める。
$$Out[6]= \left\{\left\{\varepsilon[\rho] \to \frac{a\, \varepsilon[a]}{\rho}\right\}\right\}$$

```
In[7]:= ε[ρ_] = %[[1, 1, 2]] /. {ε[a] → ε₁}
```
$$Out[7]= \frac{a\,\varepsilon_1}{\rho}$$

```
In[8]:= e[ρ_] = e[ρ] /. {ε[ρ] → %}
```
　　　　　求めた $\varepsilon[\rho]$ を用いて，$e[\rho] = e_0$ と一定値になることを確かめる。

$$Out[8]= e_0$$

```
In[9]:= v = ∫ₐᵇ e[ρ]dρ
```
　　　　　電位差 v を求め，単位長当りの静電容量 C を求める。
```
        c = q/v //Simplify
```
$$Out[9]= -a\,e_0 + b\,e_0$$
$$Out[9]= \frac{2\,a\,\pi\,\varepsilon_1}{-a+b}$$

5.2.2　同心球状コンデンサ

演習問題 5.4　半径 a の内導体と内半径 b $(b > a)$ の同心球状コンデンサを考える。内部は誘電体で満たされていて，誘電率 ε は球座標の径座標 r の関数であるとする。電界強度をコンデンサ内で一定値 e_0 となるように，誘電率分布を決定し，このときの静電容量 C を求めよ。

　💡　同心円筒コンデンサの場合と同様に考えればよい。

```
In[10]:= Clear["Global`*"]
         e[r_] := q/(4 π ε[r] r²);
         Solve[e[a] == e₀, q]
```
$$Out[10]= \{\{q \to 4\,a^2\,\pi\,e_0\,\varepsilon[a]\}\}$$

```
In[11]:= q = %[[1, 1, 2]]
```
$$Out[11]= 4\,a^2\,\pi\,e_0\,\varepsilon[a]$$

```
In[12]:= e[r] = e[r] //Simplify
```
$$Out[12]= \frac{a^2\,e_0\,\varepsilon[a]}{r^2\,\varepsilon[r]}$$

```
In[13]:= Solve[e[r] == e₀, ε[r]]
Out[13]= {{ε[r] → a² ε[a] / r²}}

In[14]:= ε[r_] = %[[1,1,2]]/.{ε[a] → ε₁}
Out[14]= a² ε₁ / r²

In[15]:= e[r_] = e[r]/.{ε[r] → %}
Out[15]= e₀

In[16]:= v = ∫ₐᵇ e[r] dr
         c = q/v //Simplify
Out[16]= -a e₀ + b e₀
Out[16]= 4 a² π ε₁ / (-a + b)
```

5.3 誘電体境界と境界条件

　誘電体を含む領域の電界を求める問題は，導体を含む場合とは異なった境界値問題となる．誘電体と真空の境界，あるいはさらに一般化して，二種の誘電体の境界ではどのような境界条件が成り立つであろうか．これは，次のようにまとめられる．

$$\hat{n} \times (E_1 - E_2) = 0 \tag{5.12}$$

$$\hat{n} \cdot (D_1 - D_2) = \sigma \tag{5.13}$$

ここに，$\hat{n}$ は誘電体#1 から誘電体#2 に向かう境界面の単位法線ベクトルである．また，$E_{1,2}$, $D_{1,2}$ はそれぞれ誘電体#1, 2 の中の電界および電束密度を表す．

　式 (5.12) と式 (5.13) を言葉で表現すると，「電界の接線成分と電束密度の垂直成分は連続である」となる．

　　✐ 教科書によって境界条件 (5.12) と (5.13) を理解しておこう．導出ができることが望ましい．

5. 誘　電　体

異なる誘電体が平面を境に接しているとき，電気力線はこの境界面を真っ直ぐに貫通せずに折れ曲がる．これを**電気力線の屈折**という．

誘電率が ε_1 と ε_2 の誘電体#1, #2 の境界面における電気力線の屈折を，境界条件 (5.12) と (5.13) により明らかにしよう．電気力線が法線方向となす角を #1 側が θ_1, #2 側が θ_2 とすると，境界条件 (5.12), (5.13) により

$$\frac{\tan\theta_1}{\varepsilon_1} = \frac{\tan\theta_2}{\varepsilon_2} \tag{5.14}$$

演習問題 5.5 屈折率が z の連続的な関数：$\varepsilon(z)$ であるとする．屈折率の変化する方向：z 方向と電気力線がなす角を $\theta(z)$ とすると，屈折の法則 (5.14) から次式が導かれる．

$$\frac{\frac{dx}{dz}}{\varepsilon(z)} = 一定 \tag{5.15}$$

$\varepsilon(z) = 3 + 2\sin z$ であると，式 (5.15) の右辺一定値を 1 として，電気力線の満たす方程式を求め，電気力線を描け．

```
In[17]:= ε[z_] := 3 + 2 Sin[π z];
        x1 = First[x/.DSolve[
        {∂_z x[z] == ε[z], x[0] == 0}, x, z]]
        Plot[x1[z], {z, -π, π}]
Out[17]= Function[{z}, (2 + 3 π z - 2 Cos[π z])/π]
```

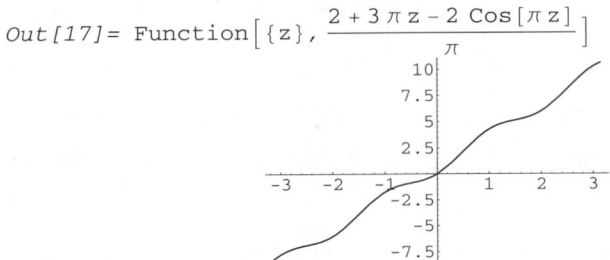

☞ 式 (5.15) 右辺の一定値を変えると電気力線の傾きが変わる．この値と屈折率の関数をいろいろ変えて，電気力線の変化を図示してみよ．

5.4 映像電荷法

誘電体を含む領域の電界分布を求める問題は境界値問題の一種である。この場合も，導体を含む領域の境界値問題と同様に**映像電荷法**が有効である。

5.4.1 二種誘電体の平面境界と点電荷

図 *5.1* に示すように，平面を境に，誘電率が ε_1 と ε_2 の誘電体#1 と#2 に分かれ，#1 の中に境界面から d の距離に点電荷 Q があるとする。点電荷から発する電気力線は誘電体の境界面境界条件を満たすように決まり，屈折する。この電気力線の分布を求める問題は次の映像電荷により解くことができる。

$$\text{映像電荷} = \begin{cases} Q_1 = \dfrac{\varepsilon_1 - \varepsilon_2}{\varepsilon_1 + \varepsilon_2}\, Q & \text{(\#1 に対して)} \\ Q_2 = \dfrac{2\varepsilon_2}{\varepsilon_1 + \varepsilon_2}\, Q & \text{(\#2 に対して)} \end{cases} \quad (5.16)$$

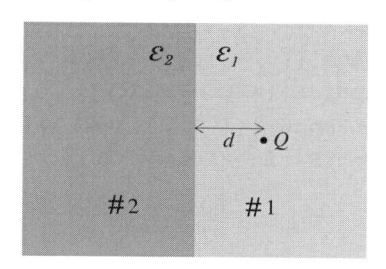

図 *5.1*：二種誘電体境界と点電荷

各領域の電界の計算において，他領域の誘電率は自領域の誘電率で置き換えて，全空間が均質な空間であるとして行う。なお，#1 に対しては自領域の電荷と他領域の映像電荷から電界を計算するが，#2 に対しては他領域の映像電荷のみから計算する。

> 演習問題 5.6 誘電率の比が $\dfrac{\varepsilon_2}{\varepsilon_1} = 4$ と $\dfrac{\varepsilon_2}{\varepsilon_1} = 10$ の場合に対して，映像電荷法によって電界を求め，電気力線を描け。

`FieldLines`

5. 誘電体

```mathematica
In[18]:= <<ExtendGraphics`FieldLines`
         plner[er_] :=
           Module[{d, q1, q2, r1, r2,
              ex, ey, eline, bndry},
              d = 1.; q1 = (1. - er)/(1. + er); q2 = (2. er)/(1. + er);
              r1[x_, y_] := Sqrt[(x - d)^2 + y^2];
              r2[x_, y_] := Sqrt[(x + d)^2 + y^2];
              ex = If[x > 0,
                 (x - d)/r1[x, y]^3 + (q1 (x + d))/r2[x, y]^3, (q2 (x - d))/(er r1[x, y]^3)];
              ey = If[x > 0,
                 y/r1[x, y]^3 + (q1 y)/r2[x, y]^3, (q2 y)/(er r1[x, y]^3)];
              eline =
                 Table[FieldLine[
                    {x, ex, d + 0.01 d Cos[(i π)/10]},
                    {y, ey, 0.01 d Sin[(i π)/10]},
                    {t, 30}], {i, 20}];
              bndry = Line[{{0, -2}, {0, 2}}];
              Show[Graphics[{eline, bndry},
                 PlotRange -> {{-1, 2}, {-2, 2}}],
                 AspectRatio -> Automatic]];

In[19]:= plner[4]
```

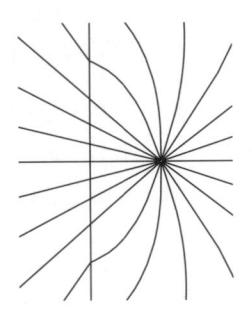

In[20]:= **plner[10]**

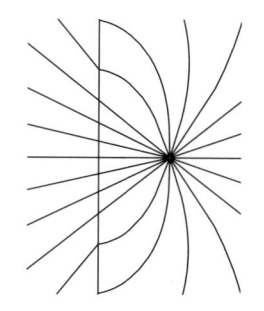

5.4.2 一様電界と誘電体球

誘電率 ε_1 の空間#1 が一様な電界（振幅 E_1 と向きが一定の電界）に満たされている。その中に半径 a，誘電率 ε_2 の球誘電体#2 が置かれた場合も映像電荷法が適用できる。

#1 に対しては，E_1 と#2 の中心に電界 E_1 と同じ向きに映像電気ダイポールを置き，全空間が自領域の誘電体で満たされた均質な空間として計算する。映像電気ダイポールモーメントは

$$p_E = 4\pi a^3 \frac{\varepsilon_1(\varepsilon_2 - \varepsilon_1)}{2\varepsilon_1 + \varepsilon_2} E_1 \tag{5.17}$$

#2 に対しては，次の一定の電界が E_1 と同じ向きにある。

$$E_2 = \frac{3\varepsilon_1}{2\varepsilon_1 + \varepsilon_2} \tag{5.18}$$

演習問題 5.7 誘電率の比が $\dfrac{\varepsilon_2}{\varepsilon_1} = 4$ と $\dfrac{\varepsilon_2}{\varepsilon_1} = 10$ の場合，および $\dfrac{\varepsilon_2}{\varepsilon_1} = \dfrac{1}{4}$ と $\dfrac{\varepsilon_2}{\varepsilon_1} = \dfrac{1}{10}$ の場合に対して，映像電荷法によって電界を求め，電気力線を描け。

`FieldLines`

5. 誘　電　体

```
In[21]:= Clear["Global`*"];
        << "ExtendGraphics`FieldLines`"
        sphrd[er_, t1_, txt_] :=
          Module[{r, x, y, ex, ey, eline},
            r[x_, y_] := √(x² + y²);
            ex = ((er - 1) If[r[x, y] > 1,
                     3 x y
                    ───────, 0])/Abs[er - 1];
                    r[x, y]⁵
            ey = ─────────── ((er - 1) If[r[x, y] > 1,
                  Abs[er - 1]
                   er + 2     2 y² - x²    3
                  ────────  + ─────────, ──────]);
                   er - 1      r[x, y]⁵   er - 1
            eline1 = Table[FieldLine[
                    {x, ex, (i - 12)/6}, {y, ey, -2.}, {t, t1}], {i, 23}];
            eline2 = If[er < 1,
                   Table[FieldLine
                    [{x, -ex, (i - 12)/6}, {y, -ey, 2.}, {t, t1}],
           {i, 23}], {{}}];
            gr = Show[Graphics[
                   {eline1, eline2, Circle[{0, 0}, 1], txt},
                   PlotRange → {{-2, 2}, {-2, 2}}],
                  AspectRatio → Automatic,
                  TextStyle → {FontSlant → "Italic"},
                  DisplayFunction → Identity];
            Return[gr];]

In[22]:= ertxt1 = Text["ε₁", {0., 1.5}];
        ertxt2 = Text["ε₂", {0., 0.5}];
        gr1 = sphrd[4, 30, {ertxt1, ertxt2}];
        gr2 = sphrd[10, 40, {}];
        Show[GraphicsArray[{gr1, gr2}]]
```

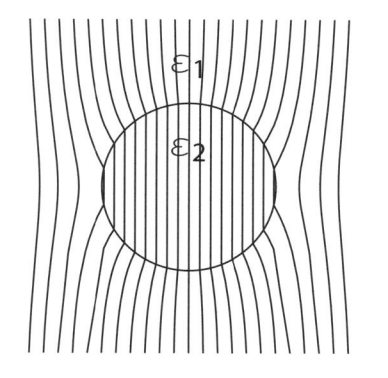

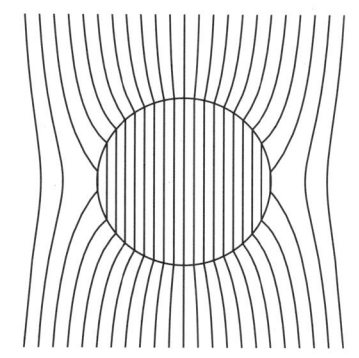

```
In[23]:= gr3 = sphrd[0.25,1.,{}];
        gr4 = sphrd[0.1,1.,{}];
        Show[GraphicsArray[{gr3,gr4}]]
```

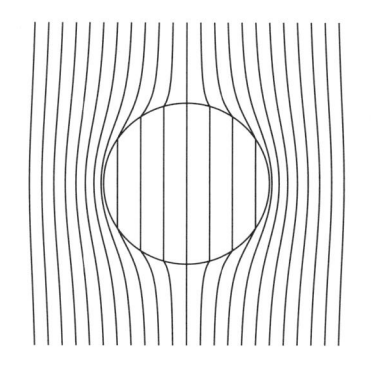

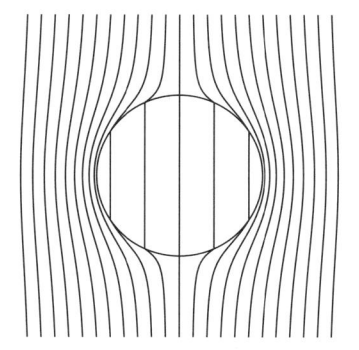

5.5 問題を解こう

演習問題 5.8 $z \geq 0$ がある誘電率分布 $\varepsilon(z)$ をもつ非均質誘電体, $z \leq 0$ が空気であるとき, 原点を通る電気力線の方程式が $z \leq 0$ でつぎのように表せる. 誘電率 $\varepsilon(z)$ を決定せよ. なお, $\varepsilon(0) = 1$ とする.

$$\frac{x}{a} + \frac{1}{4} = \left(\frac{z}{a} + \frac{1}{2}\right)^2$$

誘電率一定の面は z 面である。この面に垂直な方向（z 方向）と電気力線がなす角を $\theta(z)$ とすると

$$\tan\theta(z) = \frac{dx}{dz}$$

また，式 (5.14) から

$$\frac{\tan\theta(z)}{\varepsilon(z)} = 一定$$

したがって，電気力線の方程式が陽に表されるとき，次式によって誘電率を決定することができる。

$$\frac{\dfrac{dx}{dz}}{\varepsilon(z)} = 一定$$

```
In[24]:= Solve[x/a + 1/4 == (z/a + 1/2)^2, x]
Out[24]= {{x → a (-1/4 + (1/2 + z/a)^2)}}

In[25]:= x[z_] = %[[1,1,2]]
Out[25]= a (-1/4 + (1/2 + z/a)^2)

In[26]:= eps[z_] = C ∂_z x[z]
Out[26]= 2 C (1/2 + z/a)

In[27]:= Solve[eps[0] == 1, C]
Out[27]= {{C → 1}}

In[28]:= ε[z_] = eps[z]/.%//Simplify
Out[28]= {1 + (2 z)/a}
```

演習問題 5.9 誘電率がそれぞれ ε_1 と ε_2 の二種誘電体が平面を境に半平面を占めている。誘電率が ε_1 のほうの誘電体の中にある点電荷から出る電束の中で他方の誘電体に入る割合を求めよ。

▽ 5.4.1 項の結果を参考に考えるとよい。図 5.1 の平面境界が xy 面であり，#2 から #1 に向かう向きが z 軸方向であるとしよう。

(1) 映像電荷 Q_2 を基に考える。

#2 に入る電束は Q_2 から出る電束の半分である。Q と二つの映像電荷 Q_1 と Q_2 は共に真電荷であり，それらから出る電束の本数に比例する。したがって，求める割合は

$$\frac{\dfrac{Q_2}{2}}{Q} = \frac{\varepsilon_2}{\varepsilon_1 + \varepsilon_2}$$

(2) 電荷 Q と映像電荷 Q_1 を基に考える。

直線状点電荷列の電気力線に関する式 (2.13) を用いる。電荷 Q から出る電束の中で，z 軸と角 θ をなすものが無限遠で xy 平面に沿うものとすると

$$Q\cos\theta + Q_1 \cos 0 = Q\cos\frac{\pi}{2} + Q_1 \cos\frac{\pi}{2} = 0 \quad \therefore \quad \cos\theta = -\frac{Q_1}{Q}$$

電荷 Q から出る電束の中で，半頂角 θ の円錐の中に含まれる電束が #1 から出ない電束である。この割合は，次のように立体角の計算から求めることができる。

$$\frac{2\pi(1-\cos\theta)}{4\pi} = \frac{1}{2}\left(1 + \frac{Q_1}{Q}\right) = \frac{\varepsilon_1}{\varepsilon_1 + \varepsilon_2}$$

したがって，求める割合は

$$1 - \frac{\varepsilon_1}{\varepsilon_1 + \varepsilon_2} = \frac{\varepsilon_2}{\varepsilon_1 + \varepsilon_2}$$

6 電気エネルギーと力

学習項目
- ♣ 電気エネルギー密度
  - ◇ トムソンの定理
- ♣ ファラデー管とマクスウェルの応力
  - ◇ 一様電界中の点電荷
- ♣ コンデンサに働く力

6.1 電気エネルギー

誘電率 ε の誘電体に電界 E, 電束密度 $D = \varepsilon E$ があるとき, その点には次の密度〔J/m^2〕で電気エネルギーが存在する.

$$w_e = \frac{1}{2}\varepsilon E^2 = \frac{1}{2}ED = \frac{1}{2\varepsilon}D^2 \tag{6.1}$$

電気的エネルギーと力に関して, 次の定理が成り立つ.

♣ トムソンの定理

誘電体の中に静止する導体上の電荷は, 静電界のエネルギーが最小になるように分布する.

♣ アーンショーの定理

静電界中に置かれた導体は静電界の力のみでは釣り合って静止することができない.

6.1 電気エネルギー

演習問題 6.1 電極面積 S, 極間距離 d の平行板コンデンサの極板に電荷 $\pm Q$ が与えられている。最初は空気であったコンデンサ内の部分空間に誘電率 ε_1 の誘電体を挿入した。誘電体をはさむ電極の面積は S_1 であるとき, 電荷はどのように分布するか。次の二方法で求めよ。

(1) トムソンの定理を用いる方法
(2) 誘電体と空気の境界における境界条件を用いる方法

(1) 誘電体に接する面積 S_1 の部分に電荷 $\pm Q_1$ が, 残りの部分に電荷 $\pm(Q-Q_1)$ が分布するとすると, 蓄積電気エネルギーは

$$W = \frac{Q_1^2}{2C_1} + \frac{(Q-Q_1)^2}{2C_2}, \quad C_1 = \frac{\varepsilon_1 S_1}{d}, \quad C_2 = \frac{\varepsilon_0(S-S_1)}{d}$$

$\dfrac{\partial W}{\partial Q_1} = 0$ により Q_1 を求める。

```
In[1]:= Cap₁ = ε₁ S₁/d ; Cap₂ = ε₀ (S - S₁)/d ;
        W = Q₁²/(2 Cap₁) + (Q - Q₁)²/(2 Cap₂) ;
        Solve[D[W, Q₁] == 0, Q₁]
Out[1]= {{Q₁ → d Q / ((S - S₁) ε₀ (d/((S-S₁) ε₀) + d/(S₁ ε₁)))}}

In[2]:= Simplify[%[[1, 1, 2]]]
Out[2]= Q S₁ ε₁ / ((S - S₁) ε₀ + S₁ ε₁)
```

(2) 誘電体中の電束密度を D_1, 空気中の電束密度を D_2 とすれば

$$D_1 = \frac{Q_1}{S_1}, \quad D_2 = \frac{Q-Q_1}{S-S_1}$$

境界を挟んで, 電界の接線成分が等しい条件から Q_1 を求める。

```
In[3]:= D₁ = Q₁/S₁ ; D₂ = (Q - Q₁)/(S - S₁) ;

        Solve[D₁/ε₁ == D₂/ε₀, Q₁]
```

$Out[3] = \left\{\left\{Q_1 \to \dfrac{Q}{(S-S_1)\,\varepsilon_0 \left(\dfrac{1}{(S-S_1)\,\varepsilon_0} + \dfrac{1}{S_1\,\varepsilon_1}\right)}\right\}\right\}$

$In[4] :=$ **Simplify[%[[1,1,2]]]**

$Out[4] = \dfrac{Q\,S_1\,\varepsilon_1}{(S-S_1)\,\varepsilon_0 + S_1\,\varepsilon_1}$

前章の誘電体球の問題では，電気力線は誘電率の大きなほうに引き込まれていた。このことはトムソンの定理から理解できる。式 (6.1) から，総電気エネルギーは $D^2/2\varepsilon$ の積分に等しい。したがって電気力線の総数が一定のとき，ε の大きなところに集まって密度（D に比例）を大きくすると総電気エネルギーは小さくなるからである。

この場合，誘電体球の外の電界は誘電体をはさむ 2 枚の電極にある電荷によってつくられたものであると考えると，誘電体球がないときは一様な密度で電荷は電極面上に分布していたものが，誘電体球があるとき，その誘電率が大きいならば誘電体球に近寄り，誘電率が小さいなら遠ざかって，電極間にある静電エネルギーを小さくする。

6.2　ファラデー管とマクスウェルの応力

ある断面積の電束（電束密度と断面積の積）のある長さをもった一部に対して，仮想変位の方法を適用すると，隣り合う電束同士は応力を及ぼし合っていることが導かれる。この応力を**マクスウェルの応力**という。マクスウェルの応力は次のように表される。

$$f_\ell = f_t = \dfrac{D^2}{2\varepsilon} \tag{6.2}$$

ここに，f_ℓ は縦方向に働く引っ張り応力，f_t は横方向に働く圧縮応力である。電気力線はゴムひものように，縦方向に縮まろうと引っ張り合い，横方向には膨れようと押し合うと解釈できる。空間に描いた電束の管を**ファラデー管**といい，力の働き方を理解するのに用いることができる。

6.2 ファラデー管とマクスウェルの応力

演習問題 6.2 点電荷が一様電界中に置かれたときに働く電界によるクーロン力を，ファラデー管を描いてマクスウェルの応力により理解せよ。

`FieldLines`

$+x$ 方向を向く一様な電界があるとする。

```
In[5]:= << "ExtendGraphics`Fieldlines`
        r[x_, y_] := √(x² + y²); ex = x/r[x,y]³; ey = y/r[x,y]³;
        eline1 = Table[FieldLine[{x, ex + 10, -5}, {y, ey, -3 + i},
            {t, 1}], {i, 0.4, 5.8, 0.4}];
        el1 = Graphics[eline1];
        chrg = Graphics[Disk[{0, 0}, 0.1]];
        Show[{el1, chrg}, AspectRatio → Automatic]
```

一様電界の大きさ（10）と点電荷のつくる電界の大きさの比は厳密でなくてもよい。

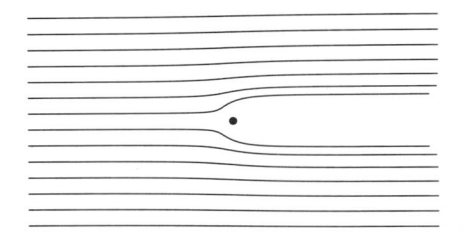

ファラデー管が正の点電荷を $+x$ 方向（右側）に圧している。

```
In[6]:= eline2 = Table[FieldLine[{x, -ex + 10, -5},
            {y, -ey, -3 + i}, {t, 1}], {i, 0.4, 5.8, 0.4}];
        el2 = Graphics[eline2];
        Show[{el2, chrg}, AspectRatio → Automatic]
```

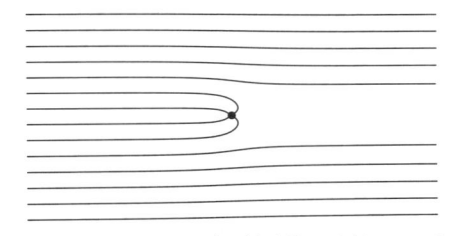

ファラデー管が負の点電荷を $-x$ 方向（左側）に圧している。

6.3 コンデンサに働く力

演習問題 6.3 電極面積 S, 電極間隔 d の平行板コンデンサに電圧 V がかかっている。電極間に働く力を次の二通りの方法で求めよ。ただし, 縁端効果は無視するものとする。

(1) $F(d) = \dfrac{V^2}{2}\dfrac{\partial}{\partial d}C(d)$ ($C(d)$ は電極間隔 d のときの静電容量) の公式を用いる。

(2) 導体表面の電界 (法線方向成分のみ存在する) を E_n. 面電荷密度を σ とすると, $F = E_n \sigma S$ の関係を用いる。

```
In[7]:= Capacitance[d_] = ε S / d ;
```
　　　　静電容量は $C(d) = \dfrac{\varepsilon S}{d}$ である。
```
        f1 = 1/2 V^2 ∂_d Capacitance[d]
Out[7]= - S V^2 ε / (2 d^2)
```

```
In[8]:= f2 = -S Q/S Q/(2 ε S) /. {Q → ε S / d V}
```
　　　　電荷密度と電界の法線成分は $\sigma = \dfrac{Q}{S}$, $E_n = \dfrac{\sigma}{2\varepsilon} = \dfrac{Q}{2\varepsilon S}$ である。
```
Out[8]= - S V^2 ε / (2 d^2)
```

6.4 問題を解こう

演習問題 6.4 平行円筒電極間の静電容量は次式で与えられる。ここに, 2本の電極の直径を d, 中心間の間隔を D, 長さを L とする。

$$C = \frac{\pi \varepsilon_0 L}{\arccos\left(\dfrac{D}{d}\right)} \quad [\text{F/m}]$$

この電極間に電圧 V をかけたとき, 電極間に働く力を求めよ。特に, $d = 1\,\text{cm}$, $L = 10\,\text{cm}$, $V = 12\,\text{V}$ のとき, 間隔 D に対して力がどのように変化す

6.4 問題を解こう

るかをプロットせよ。

$In[9]:=$ `Capacitance[s_, d_, L_] :=` $\dfrac{L \pi \epsilon_0}{\text{ArcCosh}\left[\frac{s}{d}\right]}$

$\quad$ `F[s_, d_, L_, V_] =` $\dfrac{1}{2} V^2 \partial_s$ `Capacitance[s, d, L]`

$Out[9]=$ $\left\{ - (1.39078 \times 10^{-11}\, L\, V^2) \Big/ \left(d\, \sqrt{-1 + \dfrac{s}{d}}\, \sqrt{1 + \dfrac{s}{d}}\, \text{ArcCosh}\left[\dfrac{s}{d}\right]^2 \right) \right\}$

$In[10]:=$ $\epsilon_0 = 8.854\, 10^{\{-12\}};$

$\quad$ `Plot[F[s, 0.01, 0.1, 12.], {s, 0.02, 0.1}]`

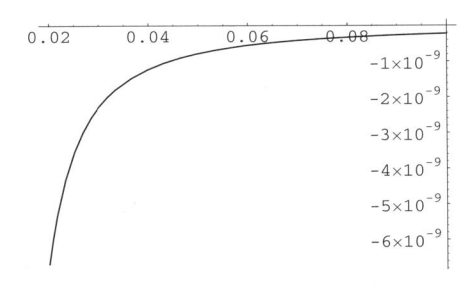

7 電流と抵抗

学習項目

- ♣ 物質中の電界と電流
  - ◇ 導電率，固有抵抗，抵抗，オームの法則
- ♣ 興味深い抵抗回路
  - ◇ 繰返し回路，無限回路
- ♣ 電流の場と静電界のアナロジー
- ♣ 分布抵抗線路

7.1 電界に比例する電流密度と抵抗

　誘電体に電界を印加しても電流は流れないので，誘電体はこの意味で**絶縁体**であるという。物質は電流が非常に流れやすいもの，少しだけ流れるもの，などに分類される。前者は**導体**といい，絶縁体と導体の中間に**半導体**がある。

　物質の電流の流れやすさは**導電率** σ〔S/m〕により表される。これは物質中の電流密度 J と電界 E の比を表す。すなわち

$$J = \sigma E \tag{7.1}$$

導電率 σ の逆数を**固有抵抗** ρ〔$\Omega \cdot$m〕という。固有抵抗 ρ の物質から，断面積 S，長さ ℓ の部分を取り出してつくった回路に電圧 V をかけたとき，流れる電流 I は次のように求められる。

$$I = JS = \sigma ES = \sigma \frac{V}{\ell} S = \frac{V}{\frac{\rho \ell}{S}} \tag{7.2}$$

このように，電流は電圧に比例する。この法則を**オームの法則**という。そして，

電流の流れにくさを表す次の定数を，この回路の**抵抗** R という。

$$R = \frac{\rho \ell}{S} \tag{7.3}$$

演習問題 7.1 図 **7.1** に示すようなブリッジ回路に流れる電流を次の法則と定理により求めよ。
(1) キルヒホッフの法則
(2) 鳳・テブナンの定理

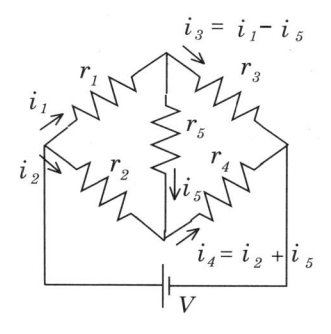

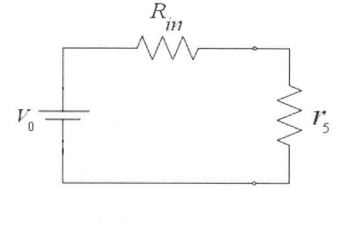

(a) 原回路

(b) 鳳・テブナンの定理による等価回路

図 **7.1**: 抵抗ブリッジ回路

```
In[1]:= eqns = {r1 i1 + r3 (i1 - i5) == v,
        r2 i2 + r4 (i2 + i5) == v, r1 i1 + r5 i5 - r2 i2 == 0};
```
　　キルヒホッフの定理（電圧則）による方程式
```
    vars = {i1, i2, i5};
```
　独立変数
```
    Simplify[Solve[eqns, vars]]
```

120   7. 電流と抵抗

```
Out[1]= {{i1 → ((r4 r5 + r2 (r3 + r4 + r5))
            (r3 (r4 r5 + r2 (r4 + r5)) +
                r1 (r4 (r3 + r5) + r2 (r3 + r4 + r5))),
         i2 → ((r3 r5 + r1 (r3 + r4 + r5)) v)/
             (r3 (r4 r5 + r2 (r4 + r5)) +
                 r1 (r4 (r3 + r5) + r2 (r3 + r4 + r5))),
         i5 → ((r2 r3 - r1 r4) v)/
             (r3 (r4 r5 + r2 (r4 + r5)) +
                 r1 (r4 (r3 + r5) + r2 (r3 + r4 + r5)))}}
```

$In[2] := $ **Rin $= \dfrac{r1\,r3}{r1+r3} + \dfrac{r2\,r4}{r2+r4}$;**
 r_5 から見た回路全体の入力抵抗。電圧源を短絡して計算する。
Vo $= v \left(\dfrac{r3}{r1+r3} - \dfrac{r4}{r2+r4} \right)$;
 開放端子電圧
Simplify$\left[\dfrac{Vo}{Rin + r5} \right]$

```
Out[2]= ((r2 r3 - r1 r4) v)/(r3 (r4 r5 + r2 (r4 + r5)) +
           r1 (r4 (r3 + r5) + r2 (r3 + r4 + r5)))
```

7.2 興味深い抵抗回路

 回路の理論的取り扱いの基本は抵抗からなる回路，**抵抗回路**，を対象として学ぶことができる。本書では興味深い抵抗回路の中から**繰返し回路**を取り上げる。

演習問題 7.2 図 **7.2** に示す直列抵抗 R_1 と並列抵抗 R_2 が繰り返し接続された回路を考える。終端を短絡し，繰返し回路の段数を順次増やしたとき，入力抵抗の変化を求めよ。

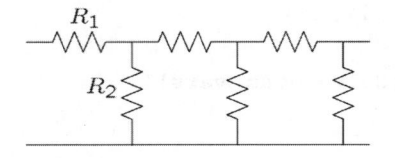

図 **7.2**: 繰返し抵抗回路

7.2 興味深い抵抗回路

先ず，問題を簡単にするために $r1 = 1, r2 = 1$ としてみよう．図 **7.2** の一区間（1周期）の終端の抵抗が re だとすると，その区間の入口の抵抗は

$$rin = r1 + \frac{r2 * re}{r2 + re} \tag{7.4}$$

初段の re が 0 であるとして，10 段までの抵抗を計算してみる．

```
In[3]:= r1 = 1; r2 = 1; re = 0; rlst = {}; rin = re;
        Do[{rin = r1 + (r2 rin)/(r2 + rin); AppendTo[rlst, rin]},
           {i, 10}];
        rlst
        ListPlot[rlst, PlotJoined → True];
```

$$Out[3]= \{1, \frac{3}{2}, \frac{8}{5}, \frac{21}{13}, \frac{55}{34},$$
$$\frac{144}{89}, \frac{377}{233}, \frac{987}{610}, \frac{2584}{1597}, \frac{6765}{4181}\}$$

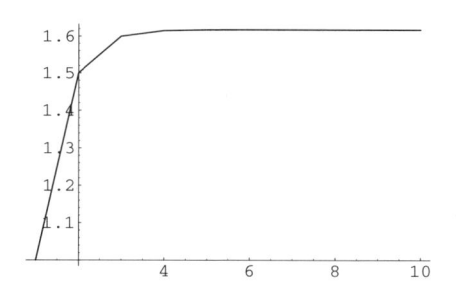

この結果から次のことがわかるであろう．

♣ 入力抵抗の分母分子を順次並べると $1, 1, 2, 3, 5, 8, 13, \ldots$ となる．
　これは**フィボナッチ数列**である（南山大学受講生が発見した）．
♣ 段数が 5 を超えるとほぼ一定値になる．

演習問題 7.3 段数が無限に大きいときの入力抵抗を 1 回の計算で求める方法を考えよ。

💡 繰返し回路の入力抵抗を R_{in} とすると，入力端子の一段右側から回路を見込む入力抵抗も R_{in} であることを利用する。

求める極限値は次の方程式の解である。

$$x = R1 + \frac{R2 * x}{R2 + x} \tag{7.5}$$

以下，$In[4]$ から $In[11]$ までは同一の MATHEMATICA® ノートブックの中で入力する。

$In[4]:=$ `R = Solve[x == R1 + `$\frac{R2\,x}{R2+x}$`, x]`
$Out[4]=$ $\{\{x \to \frac{1}{2}(R1 - \sqrt{R1}\sqrt{R1 + 4R2})\},$
$\qquad \{x \to \frac{1}{2}(R1 + \sqrt{R1}\sqrt{R1 + 4R2})\}\}$

$In[5]:=$ `Rin = x/.R〚2〛`
$Out[5]=$ $\frac{1}{2}(R1 + \sqrt{R1}\sqrt{R1 + 4R2})$

$In[6]:=$ `r1 = Simplify[`$\frac{Rin - R1}{Rin}$`]`
 1 周期の間に電圧と電流が減衰する割合を求める。
$Out[6]=$ $\dfrac{-\sqrt{R1} + \sqrt{R1 + 4R2}}{\sqrt{R1} + \sqrt{R1 + 4R2}}$

回路の **F 行列**（Fundamental Matrix）を用いて，同じ結果を導くことができる。F 行列は図 **7.3** に示すように，**四端子回路（二端子対回路）**の入力端子の電圧・電流行列を出力端子の電圧・電流行列と結び付ける行列である。電流は入力端子では入る向きに，，出力端子では出る向きに定義している。そのため，図 **7.4** に示すような**縦続回路**の F 行列は要素回路の F 行列の積に等しい。一つの R_1 からなる回路の F 行列を F_1，一つの R_2 からなる回路の F 行列を F_2 とする。

7.2 興味深い抵抗回路

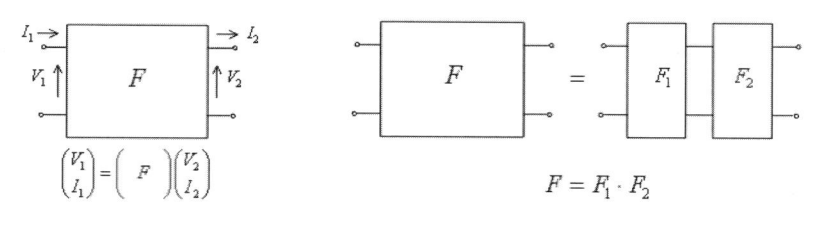

図 7.3: F 行列

図 7.4: 縦続回路の F 行列

$F = F_1 \cdot F_2$

演習問題 7.4 F 行列の**固有関数**と**固有値**によって同じ結果を求めよ。固有ベクトルは繰返し抵抗回路の電圧と電流の組を与える。

$In[7]:=$ **F1 = {{1, R1}, {0, 1}}; F2 = {{1, 0}, {$\frac{1}{R2}$, 1}};**
F = F1.F2
evc = Eigenvectors[F]

$Out[7]= \left\{\left\{1 + \frac{R1}{R2}, R1\right\}, \left\{\frac{1}{R2}, 1\right\}\right\}$

$Out[7]= \left\{\left\{\frac{1}{2}\left(R1 - \sqrt{R1}\sqrt{R1 + 4R2}\right), 1\right\}, \left\{\frac{1}{2}\left(R1 + \sqrt{R1}\sqrt{R1 + 4R2}\right), 1\right\}\right\}$

$In[8]:=$ **Rin = $\frac{\text{evc}[\![2, 1]\!]}{\text{evc}[\![2, 2]\!]}$**

$Out[8]= \frac{1}{2}\left(R1 + \sqrt{R1}\sqrt{R1 + 4R2}\right)$

固有値は減衰率の逆数を与える。

$In[9]:=$ **r2 = $\frac{1}{\text{Eigenvalues}[F][\![2]\!]}$**

$Out[9]= \frac{2 R2}{R1 + 2 R2 + \sqrt{R1}\sqrt{R1 + 4R2}}$

二つの方法で求めた減衰率が等しいことを確かめる。

$In[10]:=$ **r1 - r2**

$Out[10]= \frac{-\sqrt{R1} + \sqrt{R1 + 4R2}}{\sqrt{R1} + \sqrt{R1 + 4R2}} - \frac{2 R2}{R1 + 2 R2 + \sqrt{R1}\sqrt{R1 + 4R2}}$

$In[11]:=$ **Simplify[%]**

$Out[11]= 0$

7.3 電流の場と静電界のアナロジー

電流の場に成り立つ電界と電流密度の関係は，静電界における電界と電束密度の関係に置き換えて考えることができる．このとき，導電率 σ は誘電率 ε に置き換えられる．この関係により，電流の場の電極と静電界の電極が同じ形状のとき，前者における抵抗 R と後者における静電容量 C の間には次の関係式が成り立つ．

$$RC = \frac{\varepsilon}{\sigma} \tag{7.6}$$

式 (7.6) を利用すると，導電率 σ の大地に半径 a の球状電極が半球だけ埋め込まれたとき，電極と無限遠の間の抵抗に対して次式が得られる．

$$\frac{1}{2\pi a \sigma} \tag{7.7}$$

演習問題 7.5 導電率 σ の大地に半径 a の球状電極が半球だけ埋め込んだ電極を 2 個，a に比較して十分大きな距離に置き，両者の間の抵抗を測ると，両者の距離には依存せず，式 (7.7) の 2 倍となる．なぜ，距離に依存しないのだろうか．電流の経路は距離が増すと距離に比例して大きく迂回し，電流の流れる断面積が比例して大きくなるからだと考えられる．これを理解するために，2 電極を結ぶ地表に沿う直線上の電界を積分して電位差を求めて，抵抗を求めよ．

```
In[12]:= J = i/(2π(L+x)^2) + i/(2π(L-x)^2);
         2電極から電流が放射状に出るときの合成電流密度．
         e = J/σ;
         V = Integrate[e, {x, -L+a, L-a},
             GenerateConditions → False];
Out[12]= (2a - 2L)/(a^2 π σ - 2 a L π σ)

In[13]:= R = Simplify[V/i]
         Series[R, {a, 0, 1}]
```

$$Out[13]= \frac{1}{\pi \sigma a} - \frac{1}{\frac{a^2 (L \pi \sigma)}{4 (L^2 \pi \sigma)}} + O[a]^2$$

7.4　分布抵抗線路

　電流が流れる線路が有損失である場合を考える。裸の導線が大地に接して置かれた場合はその一例である。単位長当り r 〔Ω/m〕の抵抗があって電圧が降下し，また電流も外界との間に単位長当り g 〔S·m〕のコンダクタンスを通して漏れて減衰するとする。電圧と電流は連続的に変化する。このように回路定数が連続的に分布している回路を**分布定数回路**という。時間的な変化がないこの場合は回路定数は抵抗とコンダクタンスのみである。

　線路に沿う座標を x とすると，電圧と電流は x の関数：$V(x)$, $I(x)$ で表せる。これらの間には次の微分方程式が成り立つ。

$$\frac{dV}{dx} = -rI \tag{7.8}$$

$$\frac{dI}{dx} = -gV \tag{7.9}$$

式 (7.8), (7.9) から I を消去すると

$$\frac{d^2V}{dx^2} = rgV \tag{7.10}$$

✎　電流 $I(x)$ も同形の方程式を満たすことを確かめよ。

　演習問題　7.6　長さ s の有損失導線の先端が抵抗 R_L によって大地につながれている。単位長当りの抵抗 r と漏れコンダクタンス g を用いて入力抵抗を求めよ。また，$R_L \to \infty$ のときの入力抵抗を求めよ。

```
In[14]:= v1 = DSolve[v''[x] - g r v[x] == 0}, v[x], x]
```
　　　　式 (7.10) を **v** について解く。
$Out[14]= \{\{v[x] \to e^{\sqrt{g}\sqrt{r}x} C[1] + e^{-\sqrt{g}\sqrt{r}x} C[2]\}\}$

$In[15]:=$ **v[x_] = v1〚1, 1, 2〛/.C[1] → 1**
$Out[15]=$ $e^{\sqrt{g}\sqrt{r}x} + e^{-\sqrt{g}\sqrt{r}x} C[2]$

$In[16]:=$ **i[x_] = Simplify$\left[-\dfrac{\partial_x v[x]}{r}\right]$**
　　　式 (7.8) から **I** を求める。
$Out[16]=$ $\dfrac{1}{\sqrt{r}} \left(e^{-\sqrt{g}\sqrt{r}x} \sqrt{g} \left(-e^{2\sqrt{g}\sqrt{r}x} + C[2]\right)\right)$

$In[17]:=$ **c2 = First$\left[$C[2]/.Solve$\left[\dfrac{v[s]}{i[s]} == R_L, C[2]\right]\right]$**
　　　境界条件から **C[2]** を定める。
$Out[17]=$ $-\dfrac{e^{2\sqrt{g}\sqrt{r}s} \left(\sqrt{r} + \sqrt{g} R_L\right)}{\sqrt{r} - \sqrt{g} R_L}$

$In[18]:=$ **voltage[x_] = Simplify[v[x]/.C[2] → c2]**
$Out[18]=$ $e^{\sqrt{g}\sqrt{r}x} - \dfrac{e^{-\sqrt{g}\sqrt{r}(x-2s)} \left(\sqrt{r} + \sqrt{g} R_L\right)}{\sqrt{r} - \sqrt{g} R_L}$

$In[19]:=$ **current[x_] = Simplify[i[x]/.C[2] → c2]**
$Out[19]=$ $\dfrac{1}{\sqrt{r}} \left(e^{-\sqrt{g}\sqrt{r}x} \sqrt{g} \left(-e^{2\sqrt{g}\sqrt{r}x} - \dfrac{e^{2\sqrt{g}\sqrt{r}s} \left(\sqrt{r} + \sqrt{g} R_L\right)}{\sqrt{r} - \sqrt{g} R_L}\right)\right)$

$In[20]:=$ **Rin = Simplify$\left[\dfrac{voltage[0]}{current[0]}\right]$**
$Out[20]=$ $\left(\left(-1 + e^{2\sqrt{g}\sqrt{r}s}\right) r + \left(1 + e^{2\sqrt{g}\sqrt{r}s}\right) \sqrt{g} \sqrt{r} R_L\right) / \left(\left(1 + e^{2\sqrt{g}\sqrt{r}s}\right) \sqrt{g} \sqrt{r} + \left(-1 + e^{2\sqrt{g}\sqrt{r}s}\right) g R_L\right)$

$In[21]:=$ **N[Rin/.{g → 1, r → 1, R_L → 10, s → 1}]**
　　　簡単な場合の **Rin**
$Out[21]=$ 1.24903

$In[22]:=$ **Limit[Rin, R_L → ∞]**
$Out[22]=$ $\dfrac{\left(1 + e^{2\sqrt{g}\sqrt{r}s}\right) \sqrt{r}}{\left(-1 + e^{2\sqrt{g}\sqrt{r}s}\right) \sqrt{g}}$

$In[23]:=$ **R[g_, r_, s_] = Simplify[%]**
$Out[23]=$ $\dfrac{\left(1 + e^{2\sqrt{g}\sqrt{r}s}\right) \sqrt{r}}{\left(-1 + e^{2\sqrt{g}\sqrt{r}s}\right) \sqrt{g}}$

$In[24]:=$ **R[1, 1, 1]**
$Out[24]=$ $\dfrac{1 + e^2}{-1 + e^2}$

7.4 分布抵抗線路　　127

```
In[25]:= ContourPlot[R[g,r,1],{g,1,10},{r,1,10},
           ContourShading → False];
```

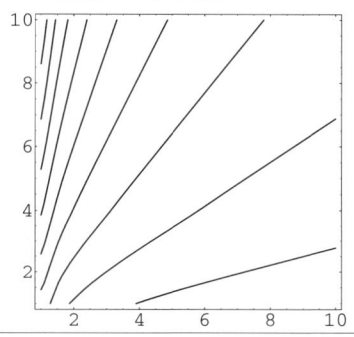

演習問題 7.7 終端を開放した長さ s の有損失導線の電圧と電流の分布を求めよ．また，この分布定数回路を n 個の小さい集中定数回路が縦続接続したもので近似したとき電圧と電流の分布を求めて比較せよ．

```
In[26]:= s = 1; Z = 1.; r = πZ/s; g = π/(sZ); k = √(rg);
```
　　　　簡単のために，s = 1, Z = 1 とし，r, g をこれらから定めておく．

```
In[27]:= v[x_] := Sinh[k(s-x)]; i[x_] := Cosh[k(s-x)];
         Plot[{v[x],i[x]},{x,0,{},
           PlotStyle → {Thickness[0.008],Thickness[0.005]}];
```

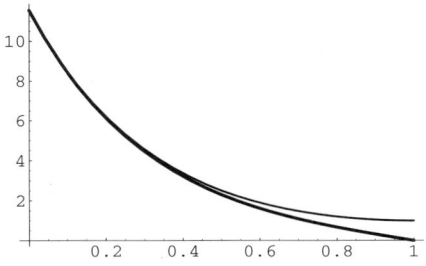

```
In[28]:= n = 5; dl = s/n; R = r dl; G = g dl; vd = {}; id = {};
         v0 = 1.; PrependTo[vd,{s,v0}];
         i0 = 0.; PrependTo[id,{s,i0}];
```

In[29]:= `Do[v1 = (1 + R G) v0 + R i0; PrependTo[vd, { s` $\frac{n-i}{n}$ `, v1}];`
　　　　`i1 = G v0 + i0;`
　　　　`PrependTo[id, { s` $\frac{n-i}{n}$ `, i1}]; v0 = v1;`
　　　　`i0 = i1, {i, n}];`

In[30]:= `gv = ListPlot[vd, PlotJoined-> True,`
　　　　`DisplayFunction → Identity,`
　　　　`PlotStyle → Thickness[0.008]];`
　　　`gi = ListPlot[id, PlotJoined-> True,`
　　　　`DisplayFunction → Identity];`
　　　`Show[{gv, gi}, DisplayFunction → $DisplayFunction];`

7.5　問題を解こう

演習問題 7.8 断面積が S, 高さが h の容器に導電性の液体が入っている。その導電率は次のような高さの関数である。

$$\sigma(z) = \sigma_0 \left(1 - \frac{z}{2h}\right) \quad (0 \leq z \leq h)$$

$z = 0$ の底面と $z = h$ のふたを同じ断面形状の電極とするとき, この容器の抵抗を求めよ。

In[31]:= $\int_0^h \frac{1}{\sigma_0 \left(1 - \frac{z}{2h}\right) S} dz$ `//Simplify`
　　　　`(z, z + dz)` の間の抵抗を積分する。

Out[31]= $\frac{h \, \mathrm{Log}[4]}{S \, \sigma_0}$

8 磁気力の場

MATHEMATICA 学習項目

- ♣ 電流のつくる磁界
    - ◇ 電流に働く力と磁束密度
- ♣ アンペアの周回積分の法則
    - ◇ 無限長線電流
- ♣ ビオ・サバールの法則
    - ◇ 線分電流，円電流，ヘルムホルツコイル，微小円電流

8.1 電流のつくる磁束密度

電流と電流は力を及ぼし合う。この力は第一の電流がまず磁界をつくり，この磁界が第二の電流に及ぼすものである。磁場はこの力を基に定義され，**磁束密度**という物理量がまず導入された。電流のつくる磁束密度は次の法則により求められる。

8.1.1 アンペアの周回積分の法則

閉路 C に沿って，閉路に沿う磁束密度の成分を線積分すると，閉路と鎖交する電流 I に定数 μ_0 をかけた値に等しくなる。この**アンペアの周回積分の法則**は次のように表すことができる。μ_0 を**真空の透磁率**と呼ぶ。

$$\oint_C \boldsymbol{B} \cdot d\boldsymbol{s} = \mu_0 I \tag{8.1}$$

アンペアの周回積分の法則は電流分布が対称性をもつ場合に磁束密度を求めるために便利に応用できる。

8.1.2 ビオ・サバールの法則

電流分布が任意の場合には，電流分布を短い線分の電流の組合せに分解し，各線分電流のつくる磁束密度を合成する方法が用いられる。このための法則が**ビオ・サバールの法則**である。線素 ds が電流の方向付き線分であるとし，これからベクトル r の点に素電流 $I\,ds$ がつくる磁束密度を dB とすると

$$d\boldsymbol{B} = \frac{\mu_0 I\,d\boldsymbol{s} \times \boldsymbol{r}}{4\pi r^3} \tag{8.2}$$

ビオ・サバールの法則は源を分解した素源からの場を与えるのに対し、アンペアの周回積分の法則は対称性のある源全体からの場を与える。この関係は静電界に対するクーロンの法則とガウスの定理の関係と同じである。

8.1.3 無限直線電流のつくる磁界

z 軸上を流れる無限に長い直線電流 I を考える。これは軸対称であるのでアンペアの周回積分の法則が便利に応用できる。

✍ 円筒座標 (ρ, φ, z) を用いて，結果は次のように表せることを確かめよ。

$$\boldsymbol{B} = \hat{\boldsymbol{\varphi}}\frac{\mu_0 I}{2\pi\rho} \tag{8.3}$$

> **演習問題** 8.1 式 (8.3) をビオ・サバールの法則を用いて導け。

8.2 線分の電流

```
In[1]:= VectorAnalysis
        SetCoordinates[Cartesian];
        s = {0, 0, 1};
          z方向の単位ベクトル
        R = {ρ, 0, z}; r = √R.R;
        B' = (μ₀ i CrossProduct[s, R]) / (4 π r³)
```

式 (8.2), z 軸上単位電流による磁束密度

$$Out[1] = \left\{0, \frac{i\,\rho\,\mu_0}{4\pi\,(z^2+\rho^2)^{3/2}}, 0\right\}$$

```
In[2]:= Integrate[B', {z, -∞, ∞}, GenerateConditions → False,
         Assumptions → ρ > 0]
```

$$Out[2] = \left\{0, \frac{i\,\mu_0}{2\pi\rho}, 0\right\}$$

8.2 線分の電流

演習問題 8.2 図 *8.1* に示す線分 AB に流れる電流 I による点 P の磁束密度 B は次式で与えられることを示せ。

$$B = \frac{\mu_0 I}{4\pi a}\left(\cos\theta_1 + \cos\theta_2\right) \tag{8.4}$$

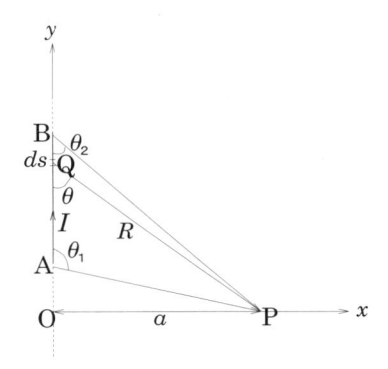

図 *8.1*: 電流 I の線分 AB から a だけ距離が離れた点 P

```
In[3]:=  VectorAnalysis
         SetCoordinates[Cartesian];
         OP = {a, 0, 0}; OQ = {0, a Cot[θ], 0};
         s[θ_] = OQ; R[θ_] = OP - OQ; ds[θ_] = ∂_θ s[θ];
         dB[θ_] = (μ_0 i CrossProduct[ds[θ], R[θ]])/
                  (4 π DotProduct[R[θ], R[θ]]^(3/2)) //Simplify
```
$$Out[3] = \left\{0, 0, \frac{i\,\mu_0}{4\pi\sqrt{a^2\,\mathrm{Csc}[\theta]^2}}\right\}$$

```
In[4]:=  B[θ_1_, θ_2_] = Integrate[ i μ_0 / (4 π a Csc[θ]) ,
             {θ, π - θ_1, θ_2}]
```
$$Out[4] = \frac{i\,(-\cos[\theta_1] - \cos[\theta_2])\,\mu_0}{4\,a\,\pi}$$

⚠ xy 面内で磁束密度を求めているので z 成分のみをもつが, y 軸に関して回転対称であるので, 円筒座標を用いると φ 成分がこの場合の z 成分と等しい磁束密度をもつ.

8.3　円　電　流

演習問題 8.3　ビオ・サバールの法則の応用例として, 半径 a の円周上に電流 I が流れる円電流のつくる磁束密度を, 円の中心軸上で求め, その分布を描け.

```
In[5]:=  VectorAnalysis
         s[φ_] = {a Cos[φ], a Sin[φ], 0};
             円電流の中心から円周上の点に向かうベクトル
         ds[φ_] = D[s[φ], φ];
             円周上の dφ に対応する線素ベクトル

In[6]:=  r[φ_, z_] = {0, 0, z} - s[φ];
         B[z_] = ∫_0^(2π) (μ_0 i CrossProduct[ds[φ], r[φ, z]])/
                 (4π (r[φ, z].r[φ, z])^(3/2)) dφ
```
$$Out[6] = \left\{0, 0, \frac{a^2\,i\,\mu_0}{2\,(a^2 + z^2)^{3/2}}\right\}$$

```
In[7]:= B[t a] * a/(μ_0 i)//Simplify
```
        t = z/a を横軸に磁束密度のグラフを描くための準備
$$Out[7]= \left\{0, 0, \frac{a^3}{2(a^2(1+t^2))^{3/2}}\right\}$$

```
In[8]:= f[t_] = 1/(2(1+t^2)^(3/2));
        Plot[f[t],{t,-3,3},AxesLabel →
            {"z/a","a B_z/( μ_0 i)"}]
```

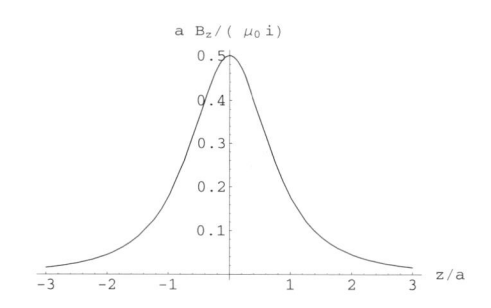

8.4 ヘルムホルツコイル

二つの同じ大きさのコイルを同軸状に，適当な間隔で平行に置き，同じ向き，同じ大きさの電流を流すと，二つのコイルの中間で磁束密度の変化を小さくできる。こうして均一な磁束密度を得るコイルを**ヘルムホルツコイル**という。

> **演習問題 8.4** 二つの円形コイルの間隔を d，半径を a とする。ヘルムホルツコイルとなるように d を決定せよ。そして，そのときの中心軸上の磁束密度分布を描け。

　💡 座標を a で規格化し無名数とすると簡明になる。

In[9]:= **f[z_, d_] :=**
$$\frac{1}{2\left(1+\left(z-\frac{d}{2}\right)^2\right)^{3/2}} + \frac{1}{2\left(1+\left(z+\frac{d}{2}\right)^2\right)^{3/2}};$$

In[8] の **t** が **z** $-\frac{d}{2}$, **z** $+\frac{d}{2}$ である **2** 項の和をとる。

プログラムを簡単にするために **z** と **d** は **a** で規格化し，無名数とした。

In[10]:= **Series[f[z, d], {z, 0, 2}]**

Out[10]= $\dfrac{1}{\left(1+\frac{d^2}{4}\right)^{3/2}} + \dfrac{\left(\dfrac{15\,d^2}{4\left(1+\frac{d^2}{4}\right)^2} - \dfrac{3}{1+\frac{d^2}{4}}\right)z^2}{2\left(1+\frac{d^2}{4}\right)^{3/2}} + O[z]^3$

In[11]:= **Solve** $\left[\dfrac{15\,d^2}{4\left(1+\frac{d^2}{4}\right)^2} - \dfrac{3}{1+\frac{d^2}{4}} == 0, d\right]$

z² の係数を **0** とする **d** を求める。

Out[11]= {{d → -1}, {d → 1}}

In[12]:= **Plot[f[z, 1], {z, -2, 2}, PlotRange → {0, 0.75},**
　　　　AxesLabel → {"z/a", "B$_z$a/(μ_0i)"}]

d の正しい解：**d = 1** に対して磁束密度をプロットする。

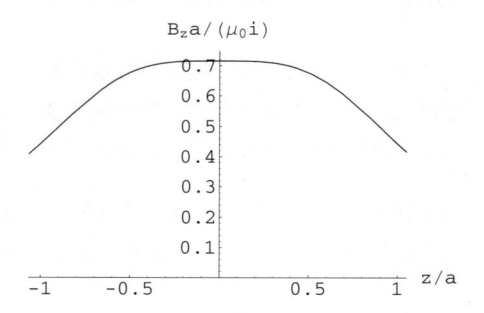

演習問題 8.5 上の円形コイルを一辺の長さが a の正方形コイルに置き換えて，ヘルムホルツコイルとなるように d を決定せよ。そして，そのときの中心軸上の磁束密度分布を描け。

8.4 ヘルムホルツコイル

二つの正方形コイルの中心が $z = \pm\dfrac{d}{2}$ にあるとき、コイルの各辺のつくる磁束密度を $Out[4]$ により求めて重ね合わせると、z 軸上の磁束密度は次のように求められる。

$$B_z = \frac{\mu_0 I}{\pi a} \frac{1}{\left\{\left(\dfrac{d}{2a}+\dfrac{z}{a}\right)^2 + \dfrac{1}{4}\right\}\sqrt{\left(\dfrac{d}{a}+\dfrac{2z}{a}\right)^2 + 2}} \tag{8.5}$$

☞ 式 (8.5) を導こう。

$In[13]:=$ `f1[z_, d_] := ((`$\dfrac{d}{2}$`- z)`^{2}`+ `$\dfrac{1}{4}$`) `$\sqrt{(d+2)^2+2}$`;`
　　　　`f[z_, d_] := `$\dfrac{1}{\texttt{f1[z,d]}}$`+ `$\dfrac{1}{\texttt{f1[-z,d]}}$`;`

式 (8.5) の $\dfrac{\mu_0 I}{\pi a}$ を除いた項。規格化した $\dfrac{d}{a}$ を簡単のために **d** としている。
`Series[f[z, d], {z, 0, 2}]`

$Out[13]=$ $\dfrac{2}{\left(\frac{1}{4}+\frac{d^2}{4}\right)\sqrt{2+(2+d)^2}} + \dfrac{2\left(\frac{d^2}{\left(\frac{1}{4}+\frac{d^2}{4}\right)^2} - \frac{1}{\frac{1}{4}+\frac{d^2}{4}}\right)z^2}{\left(\frac{1}{4}+\frac{d^2}{4}\right)\sqrt{2+(2+d)^2}} +$
　　　　$O[z]^3$

$In[14]:=$ `Solve[`$\dfrac{d^2}{\left(\frac{1}{4}+\frac{d^2}{4}\right)^2} - \dfrac{1}{\frac{1}{4}+\frac{d^2}{4}}$` == 0, d]`

z^2 の係数を **0** とする **d** を求める。

$Out[14]=$ $\left\{\left\{d \to -\dfrac{1}{\sqrt{3}}\right\}, \left\{d \to \dfrac{1}{\sqrt{3}}\right\}\right\}$

$In[15]:=$ `d = `$\dfrac{1}{\sqrt{3}}$`;`
　　　　`Plot[f[z, d], {z, -2 d, 2 d}, PlotRange → {0, 2.1},`
　　　　`  AxesLabel → {"z/a", "B`$_z$`πa/(μ`$_0$`i)"}]`

d の正しい解：$d = \dfrac{1}{\sqrt{3}}$ に対して磁束密度をプロットする。

136　　8. 磁気力の場

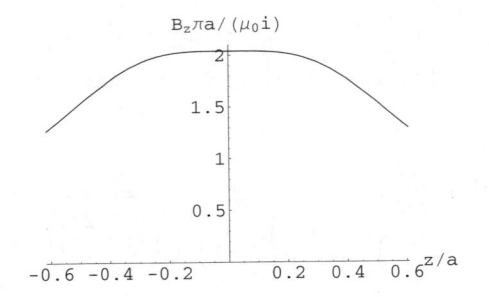

8.5　微小ループ

演習問題 8.6 観測点までの距離 r に比べて半径 a が十分に小さい円電流のつくる磁束密度を求め，球座標で表せ。

```
In[16]:= VectorAnalysis
         SetCoordinates[Spherical[r, t, p]];
         ρ[p_] = {a, π/2, p};
         R = CoordinatesToCartesian[{r, t, p}] -
             CoordinatesToCartesian[ρ[p']]
Out[16]= {-a Cos[p'] + r Cos[p] Sin[t],
          r Sin[p] Sin[t] - a Sin[p'], r Cos[t]}

In[17]:= R₂ = Simplify[DotProduct[R, R, Cartesian]]
Out[17]= a² + r² - 2 a r Cos[p] Cos[p'] Sin[t] -
         2 a r Sin[p] Sin[t] Sin[p']

In[18]:= ri3[r, t, p, p'_] = Simplify[
           Normal[Series[R₂^-3/2, {a, 0, 1}]]]

Out[18]= (1/r⁵)(√(r²) (r + 3 a Cos[p] Cos[p']
                Sin[t] + 3 a Sin[p]
                Sin[t] Sin[p']))
```

8.5 微小ループ

$In[19]:= $ `ri3[r_, t_, p_, p'_] = %/.` $\{\sqrt{r^2} \to r\}$

$Out[19]= \dfrac{1}{r^4} (r + 3 \, a \, \text{Cos}[p] \, \text{Cos}[p'] \, \text{Sin}[t] + 3 \, a \, \text{Sin}[p] \, \text{Sin}[t] \, \text{Sin}[p'])$

$In[20]:= $ `rhc = CoordinatesToCartesian[`ρ`[p]];`
        `ds[p_] =` ∂_p`rhc`

$Out[20]= \{-a \, \text{Sin}[p], a \, \text{Cos}[p], 0\}$

$In[21]:= $ `dB[r_, t_, p_, p'] =` $\dfrac{1}{(4\pi) \, r^4}$
        `((`μ_0` i CrossProduct[ds[p'], R,`
            `Cartesian]) (r + 3 a Cos[p] Cos[p']`
            `Sin[t] + 3 a Sin[p] Sin[t]`
            `Sin[p',`′,`MultilineFunction` $\to$ `None)]));`

$In[22]:= $ `B = Simplify[` $\int_0^{2\pi}$ `dB[r, t, p, p']dp']`

$Out[22]= \{\dfrac{1}{4 \, r^3} (3 \, a^2 \, i \, \text{Cos}[p] \, \text{Cos}[t] \, \text{Sin}[t] \, \mu_0),$
        $\dfrac{1}{4 \, r^3} (3 \, a^2 \, i \, \text{Cos}[t] \, \text{Sin}[p] \, \text{Sin}[t] \, \mu_0),$
        $\dfrac{a^2 \, i \, (1 + 3 \, \text{Cos}[2 \, t]) \, \mu_0}{8 \, r^3}\}$

$In[23]:= $ `VecInSpherical[`
        `VecInCartesian_, r_, t_, p_] :=`
        `Module[{rx, ry, rz, tx, ty, tz, px, py, vx, vy, vz},`
         `rx = Sin[t] Cos[p]; ry = Sin[t] Sin[p]; rz = Cos[t];`
         `tx = Cos[t] Cos[p]; ty = Cos[t] Sin[p]; tz = -Sin[t];`
         `px = -Sin[p]; py = Cos[p];`
         `vx = VecInCartesian[[1]];`
         `vy = VecInCartesian[[2]];`
         `vz = VecInCartesian[[3]];`
         `Return[{rx vx + ry vy + rz vz, tx vx + ty vy + tz vz,`
             `px vx + py vy}]];`
        直角座標系表示のベクトル (`VectorInCartesian`) を
        球座標系表示 (`VectorInSpherical`) に変換する関数の定義

$In[24]:= $ `Simplify[VecInSpherical[B, r, t, p]]`

$Out[24]= \left\{\dfrac{a^2 \text{ i Cos[t]} \mu_0}{2 r^3}, \dfrac{a^2 \text{ i Sin[t]} \mu_0}{4 r^3}, 0\right\}$

半径 a の微小ループの電流 I のつくる磁束密度は，球座標により次のように表せることがわかる．

$$\boldsymbol{B} = \dfrac{\mu_0 I \pi a^2}{4\pi r^3}\left(\hat{\boldsymbol{r}} 2\cos\theta + \hat{\boldsymbol{\theta}}\sin\theta\right) \tag{8.6}$$

ここで，$m = \pi a^2 I$ とおくと

$$\boldsymbol{B} = \dfrac{\mu_0 m}{4\pi r^3}\left(\hat{\boldsymbol{r}} 2\cos\theta + \hat{\boldsymbol{\theta}}\sin\theta\right) \tag{8.7}$$

m を**磁気双極子モーメント**と呼ぶ．電気双極子モーメントのつくる電界の式に同形である．

演習問題 8.7 微小ループ電流（磁気双極子）のつくる磁束密度の力線を描け．

```
In[25]:= <<Version5`Graphics`
        <<Graphics`PlotField`
        <<"ExtendGraphics`FieldLines`"
        r[x_,y_] := Max[0.001, Sqrt[x^2+y^2]];
        c[x_,y_] := y/r[x,y];
        s[x_,y_] := x/r[x,y];
        br[x_,y_] := 2 c[x,y]/r[x,y]^3;
        bt[x_,y_] := s[x,y]/r[x,y]^3;
        bx = br[x,y] s[x,y] + bt[x,y] c[x,y];
        by = br[x,y] c[x,y] - bt[x,y] s[x,y];

In[26]:= gr1 = PlotVectorField[{bx,by},{x,-0.5,0.5},
            {y,-0.5,0.5}, DisplayFunction->Identity];
        hline1 = Table[FieldLine[{x,bx,0.01 Cos[i π/11]},
            {y,by,0.01 Sin[i π/11]},{t,1}],{i,5,6}];
        Show[{Graphics[hline1], gr1},
          AspectRatio->Automatic, PlotRange->All,
          DisplayFunction->$DisplayFunction];
        <<Version6`Graphics`
```

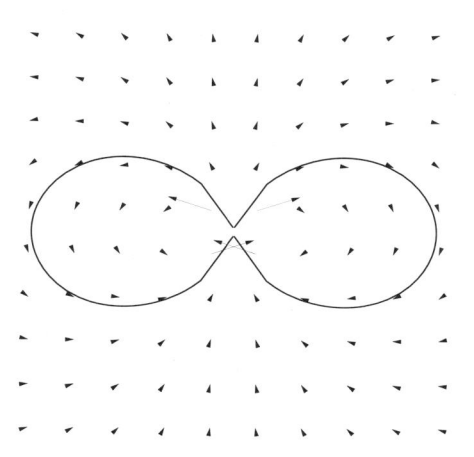

8.6 問題を解こう

演習問題 8.8 半径 a の円筒と，その外に内半径 b ($b > a$)，外半径 c ($c > b$) の同心円筒殻がある．円筒と円筒殻に大きさ等しく方向反対の電流 I 〔A〕が一様な密度で流れている．磁束密度の分布を求め，図示せよ．

```
In[27]:= i1[ρ_] = i/(π a^2);
         i2[ρ_] = -i/(π (c^2 - b^2));
         mf1[ρ_] = μ_0 ∫_0^ρ 2 π ρ' i1[ρ'] dρ'
         Solve[2 π ρ B_φ[ρ] == mf1[ρ], B_φ[ρ], ρ]
              式(8.1)の適用．以下同様．
Out[27]= i ρ^2 μ_0 / a^2
Out[27]= {{B_φ[ρ] → i ρ μ_0 / (2 a^2 π)}}

In[28]:= B_φ1[ρ_] := %[[1, 1, 2]];

In[29]:= Solve[2 π ρ B_φ[ρ] == mf1[a], B_φ[ρ], ρ]
Out[29]= {{B_φ[ρ] → i μ_0 / (2 π ρ)}}
```

$In[30]:=$ `B`$_{\varphi 2}$`[`ρ`_] := %[[1,1,2]];`

$In[31]:=$ `mf2[`ρ`_] = mf1[a] +` $\mu_0 \int_b^\rho$ `2` $\pi \rho'$ `i2[`ρ'`]d`ρ'`;`
`Solve[2` $\pi \rho$ `B`$_\varphi$`[`ρ`] == mf2[`ρ`], B`$_\varphi$`[`ρ`],` ρ`]`

$Out[31]=$ $\left\{\left\{B_\varphi[\rho] \to \dfrac{-c^2 \, i \, \mu_0 + i \, \rho^2 \, \mu_0}{2 \, (b^2 - c^2) \, \pi \, \rho}\right\}\right\}$

$In[32]:=$ `B`$_\varphi$`[`ρ`_] = %[[1,1,2]]`

$Out[32]=$ $\dfrac{-c^2 \, i \, \mu_0 + i \, \rho^2 \, \mu_0}{2 \, (b^2 - c^2) \, \pi \, \rho}$

$In[33]:=$ `a = 0.01; b = 0.02; c = 0.03;`
`i = 1;` $\mu_0 = \dfrac{4\pi}{10^7}$`;`
`B[`ρ`_] := If[`ρ` < a,` $\dfrac{i \, \rho \, \mu_0}{2 \, a^2 \, \pi}$`,`
  `If[`ρ` < b,` $\dfrac{i \, \mu_0}{2 \, \pi \, \rho}$`,`
    `If[`ρ` < c,` $\dfrac{-c^2 \, i \, \mu_0 + i \, \rho^2 \, \mu_0}{2 \, (b^2 - c^2) \, \pi \, \rho}$`, 0]]];`

$In[34]:=$ `Plot[B[`ρ`], {`ρ`, 0, 0.04}];`

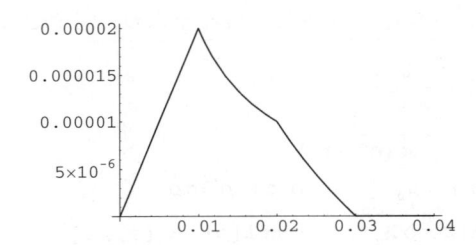

演習問題 8.9 半径 a の二つの円筒 C_1 と C_2 を考え,それらの内部にそれぞれ一様な密度で電流 I が円筒軸方向($\pm z$ 方向)に流れているとする。C_1 と C_2 が x 方向に微小距離 d だけずれてあるとすると,二つの円筒が重なる部分は電流が打ち消し合って存在しない。この領域の磁束密度を求め一様であることを証明せよ。そして,$d = \dfrac{a}{10}$ の場合の電流分布を描け。

```
In[35]:= ρ[x_, y_] := √(x² + y²);
        c[x_, y_] := x/ρ[x, y]; s[x_, y_] := y/ρ[x, y];
        B_φ[x_, y_] := (i ρ[x, y] μ_0)/(2 a² π);
        B_0[x_, y_] = {-s[x, y], c[x, y]} B_φ[x, y];
```
　　　　一つの円筒電流による磁束密度ベクトル
```
        B[x, y] = Simplify[B_0[x - d/2, y] - B_0[x + d/2, y]]
```
　　　　二つの円筒電流による磁束密度ベクトル

$Out[35]= \left\{0, -\frac{d\,i\,\mu_0}{2\,a^2\,\pi}\right\}$

　　　　合成磁束密度は $-y$ 方向を向き，一定である．

```
In[36]:= i[x_, y_] = If[x² + y² < a², i/(π a²), 0];
        j[x_, y_] = i[x - d/2, y] - i[x + d/2, y];
        a = 1; d = 0.1; i = 1;
        ContourPlot[j[x, y], {x, -1.5, 1.5}, {y, -1.5, 1.5},
         PlotPoints → 200];
```
　　　　一様な磁束密度をつくる電流分布

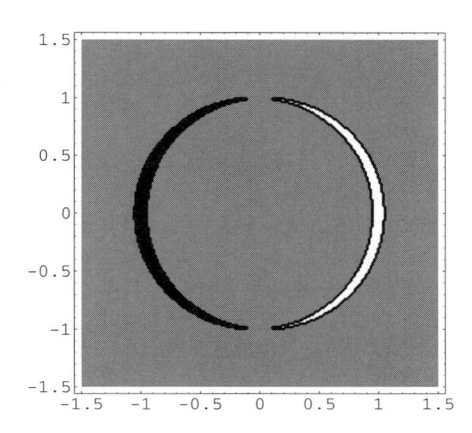

8. 磁気力の場

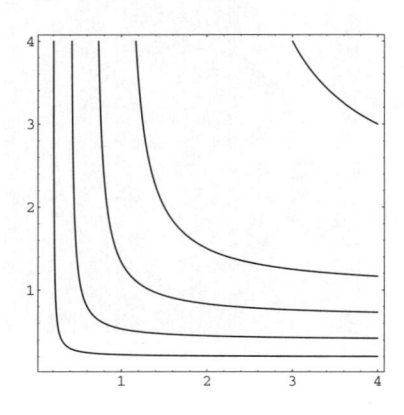

演習問題 8.10 直角に折れ曲がった導線に電流 I が流れている。導線を x 軸と y 軸の正の側とし，電流は $y = \infty$ から $x = \infty$ に向かって流れているとして，面内の磁束密度を求め，図示せよ。式 (8.4) を利用するとよい。

```
In[37]:= ρ[x,y] = √(x² + y²);
         c_y1 = 1; c_y2[x,y] := y/ρ[x,y];
         c_x1[x_,y_] := x/ρ[x,y];
         c_x2 = 1;
         B_z[x_,y_] = μ₀ i (c_y1 + c_y2[x,y])/(4 π x) +
                      μ₀ i (c_x1[x,y] + c_x2)/(4 π y)  //Simplify
```

$$Out[37]= \frac{\left(\frac{1+\frac{x}{\sqrt{x^2+y^2}}}{y} + \frac{1+\frac{y}{\sqrt{x^2+y^2}}}{x}\right)\mu_0}{4\pi}$$

```
In[38]:= f[x_,y_] := 4 π B_z[x,y]/(μ₀ i);
         ContourPlot[f[x,y], {x, 0.1, 4}, {y, 0.1, 4},
           PlotPoints → 100, Contours → {10, 5, 3, 2, 1},
           ContourShading → False];
```

9 ベクトルポテンシャル

MATHEMATICA
学習項目

♣ 分布電流の場と磁束密度
　◇ 磁束密度の発散と回転
　◇ ベクトルポテンシャル
♣ 磁力線
　◇ 2本の平行線電流
　◇ 一様磁束密度と直線電流

9.1 連続電流分布と磁界

導電率が σ の媒質中では電界 E があると電流が連続的に流れる。その密度は $J = \sigma E$ 〔A/m^2〕に等しい。連続分布電流と，それによりつくられる磁束密度間のアンペアの周回積分の法則は次のように表せる。

$$\oint_C \boldsymbol{B} \cdot d\boldsymbol{s} = \iint_S \mu_0 \boldsymbol{J} \cdot d\boldsymbol{S} \tag{9.1}$$

この積分形により表現される法則はストークスの定理を用いると，次のような微分形に書き直すことができる。

$$\nabla \times \boldsymbol{B} = \mu_0 \boldsymbol{J} \tag{9.2}$$

演習問題 9.1 導電率が σ の導電性媒質中に磁束密度 $\boldsymbol{B} = \hat{\boldsymbol{x}} B_0 \cos ky$ をつくる電流密度 $\boldsymbol{J}$ を求めよ。

```
In[1]:= VectorAnalysis
        SetCoordinates[Cartesian[x, y, z]];
        B[y_] = {B_0 Cos[k y], 0, 0};
        J = Curl[B[y]] / μ_0
```
$$Out[1] = \left\{0, 0, \frac{k \sin[k y] B_0}{\mu_0}\right\}$$

9.2 ベクトルポテンシャル

電流によりつくられる磁束密度は，その発散がゼロであるという一般的な性質をもっている。これを確かめるには，素電流のつくる磁束密度について調べればよい。発散がゼロのベクトルはわき出しなし，またはソレノイダルであるという。磁束密度はソレノイダルベクトルである。すなわち

$$\nabla \cdot \boldsymbol{B} = 0 \tag{9.3}$$

> **演習問題 9.2** ビオ・サバールの法則 (8.2) で与えられる磁束密度の発散はゼロとなることを確かめよ。

```
In[2]:= VectorAnalysis
        R[ρ_, z_] = {ρ, 0, z};
        dB[ρ_, z_] =
          μ_0 CrossProduct[{0, 0, i dz}, {ρ, 0, z}, Cartesian]
          ─────────────────────────────────────────────────
          (DotProduct[R[ρ, z], R[ρ, z] Cartesian])^(3/2)
```
原点に z 軸方向を向いた電流素を zx 面内で磁束密度を観測する。
```
        Div[dB[ρ, z], Cartesian]
```
$$Out[2] = \left\{0, \frac{dz\, i\, \rho\, \mu_0}{4\pi (z^2 + \rho^2)^{3/2}}, 0\right\}$$
$$Out[2] = 0$$

ソレノイダルベクトルにはベクトルポテンシャル $\boldsymbol{A}$ を導入し，ベクトルポテンシャル $\boldsymbol{A}$ の回転により表現することができる。すなわち

$$\boldsymbol{B} = \nabla \times \boldsymbol{A} \tag{9.4}$$

9.2 ベクトルポテンシャル

これは，任意のベクトルの回転の発散はゼロであることと，式 (9.4) により与えられる $\boldsymbol{B}$ がもう一つの要請される条件：式 (9.2) を満足できることに基づいている。式 (9.4) を式 (9.2) に代入すると

$$\nabla \times (\nabla \times \boldsymbol{A}) = \mu_0 \boldsymbol{J} \quad \therefore \quad \nabla \nabla \cdot \boldsymbol{A} - \nabla^2 \boldsymbol{A} = \mu_0 \boldsymbol{J} \tag{9.5}$$

ベクトルはその発散と回転を与えると一意に決定できる（**ヘルムホルツの定理**）。磁束密度は発散がゼロ，回転が電流密度の μ_0 倍，と与えられるので一意に決定される。ベクトルポテンシャルにとっても同じであり，回転を変えずに発散を自由に選ぶことができる。簡単なのは $\nabla \cdot \boldsymbol{A} = 0$ とすることである。このとき，$\boldsymbol{A}$ は次式を満足する。

$$\nabla^2 \boldsymbol{A} = -\mu_0 \boldsymbol{J} \tag{9.6}$$

ベクトルポテンシャルの満たす方程式 (9.6) を直角座標で 3 成分に分解して書き直すと次のようになる。

$$\nabla^2 A_x = -\mu_0 J_x, \quad \nabla^2 A_y = -\mu_0 J_y, \quad \nabla^2 A_z = -\mu_0 J_z \tag{9.7}$$

これらはスカラーポテンシャル V に関するポアソン方程式 (2.7) に同形であり，ポアソン方程式で V を A_x, A_y, A_z に，ρ を J_x, J_y, J_z に，$\dfrac{1}{\varepsilon_0}$ を μ_0 に置き換えると式 (9.7) が得られる。したがって，ρ から V を求める計算式も同様に置き換えると，電流からベクトル・ポテンシャルを求める計算式が得られる。3 式をベクトルにまとめると次のようになる。

$$\boldsymbol{A} = \iiint \frac{\mu_0 \boldsymbol{J}}{4\pi r} dV \tag{9.8}$$

✎ z 軸上を電流 I が z 方向に流れている。ベクトルポテンシャルを求めよう。電流の向きが z 方向であるのでベクトルポテンシャルは A_z のみをもち，A_z は線電荷の電位から上記の置換えにより求めることができる。式 (2.6) により

$$A_z(\rho) = -\frac{\mu_0 I}{2\pi} \log \rho \tag{9.9}$$

146   9. ベクトルポテンシャル

> **演習問題 9.3** 原点を中心に半径 a の円形導線が xy 面上に置かれ，電流 I が流れている．原点から a より十分大きな距離でベクトルポテンシャルを求め，これから磁束密度を求めよ．前章でビオ・サバールの法則から求めた結果と一致することを確かめよ．

```
In[3]:= << Calculus`VectorAnalysis`
        SetCoordinates[Spherical[r,Ttheta,ϕ]];
        s[p_] := {a Cos[p], a Sin[p], 0};
```
円形導線上の座標
```
        sd[p_] = D[s[p],p]
```
円形導線上の $d\varphi$ に対応する線素ベクトル
```
Out[3]= {-a Sin[p], a Cos[p], 0}

In[4]:= P = CoordinatesToCartesian[{r,Ttheta,ϕ}]
```
ベクトルポテンシャルを求める観測点の座標
```
Out[4]= {r Cos[ϕ] Sin[Ttheta],
         r Sin[ϕ] Sin[Ttheta], r Cos[Ttheta]}

In[5]:= R2 = (P - s[p]).(P - s[p])//Simplify
```
電流源と観測点の間の距離の2乗
```
Out[5]= a² + r² - 2 a r Cos[p] Cos[ϕ] Sin[Ttheta] -
         2 a r Sin[p] Sin[ϕ] Sin[Ttheta]

In[6]:= iR = Series[1/Sqrt[R2],{a,0,1}]//Normal
```
十分大きな距離の逆数
$$Out[6]= \frac{1}{\sqrt{r^2}} - \frac{1}{2 r^2 \sqrt{r^2}}$$
```
         (a (-2 r Cos[p] Cos[ϕ] Sin[Ttheta] -
             2 r Sin[p] Sin[ϕ] Sin[Ttheta]))

In[7]:= Ri[p_] = Simplify[%]/.{√r² → r}
```
$$Out[7]= \frac{1}{r^2} (r + a\ Cos[p]\ Cos[\phi]\ Sin[Ttheta] +$$
```
         a Sin[p] Sin[ϕ] Sin[Ttheta])
```
$$In[8]:= \mathbf{A} = \int_0^{2\pi} \frac{\mu_0\ \mathbf{i}\ \mathrm{Ri}[p]\ \mathbf{sd}[p]}{4\pi} d\mathbf{p}$$
ベクトルポテンシャル

$Out[8] = \{ -\dfrac{a^2 \, i \, \text{Sin}[\phi] \, \text{Sin}[\text{Ttheta}] \, \mu_0}{4 \, r^2},$
$\qquad \dfrac{a^2 \, i \, \text{Cos}[\phi] \, \text{Sin}[\text{Ttheta}] \, \mu_0}{4 \, r^2}, 0 \}$

$In[9]:= \mathbf{B} = \text{Curl}\left[\left\{0, 0, \dfrac{a^2 \, i \, \text{Sin}[\text{Ttheta}] \, \mu_0}{4 \, r^2}\right\}, \right.$
$\qquad \left. \text{Spherical}\right]$

磁束密度

$Out[9] = \{ \dfrac{a^2 \, i \, \text{Cos}[\text{Ttheta}] \, \mu_0}{2 \, r^3}, \dfrac{a^2 \, i \, \text{Sin}[\text{Ttheta}] \, \mu_0}{4 \, r^3}, 0 \}$

9.3　磁　力　線

　電界の空間分布を電気力線に表現して理解を深めたように，磁束密度の空間分布を力線に表現して理解を深めることができる．この力線を**磁力線**という．磁力線は，電気力線の方程式 (2.9) と同形の，次の微分方程式を満たす．

$$\frac{dx}{B_x} = \frac{dy}{B_y} = \frac{dz}{B_z} \qquad (9.10)$$

　無限に長い直線上に直流電流が流れているとき，磁束密度は電流の方向の成分のみをもつベクトルポテンシャルにより表すことができる．電流の方向を z 方向とし，ベクトルポテンシャルを $\boldsymbol{A} = \hat{z}f(x, y)$ とすると，**磁力線の方程式** (9.10) の解は次のよう表される．

$$f(x, y) = 一定 \qquad (9.11)$$

$f(x, y)$ の等高線が磁力線となる．*MATHEMATICA®* では関数 **ContourPlot** を便利に用いることができる．

　✍　式 (9.4) と式 (9.10) から磁力線の方程式 (9.11) を導け．

9.3.1　平行直線電流

　演習問題　9.4　2本の平行な導線に同じ振幅の直線電流が流れている．電流の向きが同方向，および逆方向の場合について磁力線の方程式を求め，xy 面内の分布を描け．

148   9. ベクトルポテンシャル

```
In[10]:= r1[x_,y_] := Max[0.01, √((x-1)² + y²)];
         r2[x_,y_] := Max[0.01, √((x+1)² + y²)];
         式 (9.9) を用いるための準備
         g1 := ContourPlot[ Log[r1[x,y]/r2[x,y]],
            {x,-2,2}, {y,-2,2},
            PlotPoints → 60, ContourShading → False,
            Frame → False, Contours → 20,
            DisplayFunction → Identity];
         逆方向電流に対する式 (9.11) による磁力線の描画
         g2 := ContourPlot[Log[r1[x,y] r2[x,y]],
            {x,-2,2}, {y,-2,2}, PlotPoints → 60,
            ContourShading → False,
            Frame → False, Contours → 20,
            DisplayFunction → Identity];
         同方向電流に対する式 (9.11) による磁力線の描画

In[11]:= Show[GraphicsArray[{g1,g2}]]
```

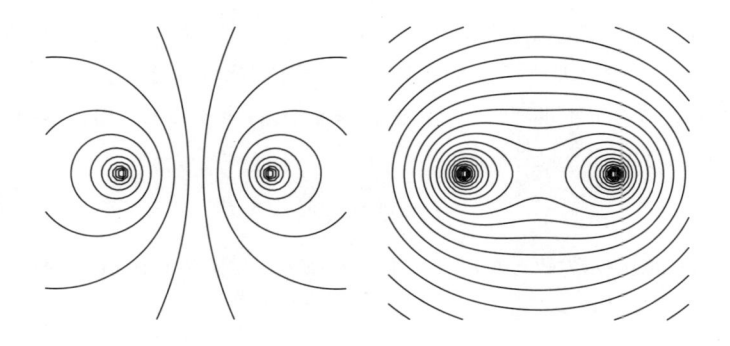

9.3.2 一様磁界と直線電流

演習問題 9.5 空間に一様な磁束密度 $\boldsymbol{B} = \hat{\boldsymbol{x}} B_0$ が分布し，z 軸上を直線電流 I が流れている．磁力線の方程式を求め，xy 面内の分布を描け．

💡 x 方向を向いた一様磁束密度は $\boldsymbol{A} = \hat{\boldsymbol{z}}\,y$ のベクトルポテンシャルにより与えられる。

```
In[12]:= a[x_,y_] := y + Log[x^2 + y^2];
        b[x_,y_] := If[x^2 + y^2 < 0.01, a[0.1, 0.1], a[x, y]];
        ContourPlot[b[x, y], {x, -4, 4},
            {y, -4, 4}, ContourShading → False, Contours → 20,
            PlotPoints → 50, AspectRatio → Automatic]
```

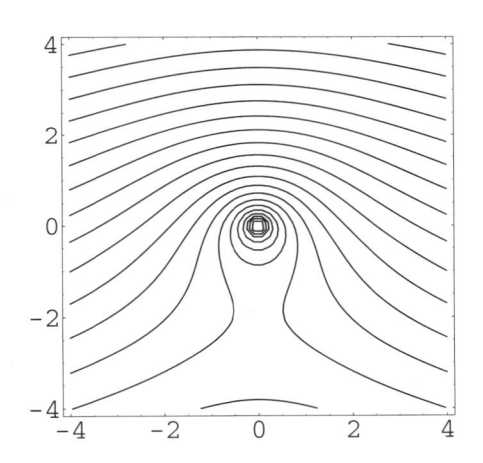

9.4 問題を解こう

演習問題 9.6 真空中に分布電流があり,磁束密度 $\boldsymbol{B}$ が次式で与えられる。電流密度 $\boldsymbol{J}$ を求めよ。そして,その分布の模様を描け。ただし,$k,\,I$ は定数である。

$$\boldsymbol{B} = \mu_0 k\,I\,(\hat{\boldsymbol{x}}\sin ky - \hat{\boldsymbol{y}}\cos kx)$$

9. ベクトルポテンシャル

```
In[13]:= VectorAnalysis
        SetCoordinates[Cartesian[x, y, z]];
        B = μ_0 k i {Sin[k y], -Cos[k x], 0};
        J = Curl[B]/μ_0 //Simplify
Out[13]= {0, 0, i k^2 (-Cos[k y] + Sin[k x])}

In[14]:= << Version5`Graphics`  🌸🌸
        << Graphics`PlotField`
        gb = PlotVectorField[{Sin[y], -Cos[x]},
            {x, -π, π}, {y, -π, π},
            DisplayFunction → Identity];
```
kx, ky を単に x, y とする。

```
In[15]:= gb2 = ContourPlot[-Cos[y] + Sin[x], {x, -π, π},
            {y, -π, π}, ContourShading → False, Frame → False,
            DisplayFunction → Identity];

In[16]:= Show[{gb, gb2}, DisplayFunction → $DisplayFunction]
        << Version6`Graphics`  🌸🌸
```

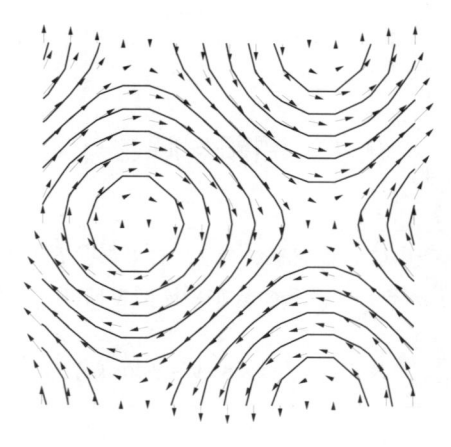

9.4 問題を解こう

演習問題 9.7 真空中に分布電流があり，磁束密度 B が円筒座標により次式で与えられる．電流密度 J を求めよ．ただし，k, I は定数である．

$$B = \mu_0\, \hat{\varphi}\, k^2\, I\, \rho\, \exp(-k^2\rho)$$

```
In[17]:= VectorAnalysis
         SetCoordinates[Cylindrical[ρ, φ, z]];
         B = μ₀ k² i ρ {0, e^(-k²ρ²), 0};
         J = Simplify[Curl[B]/μ₀]
Out[17]= {0, 0, -2 e^(-k²ρ²) i k² (-1 + k² ρ²)}
```

演習問題 9.8 ベクトルポテンシャルがつぎのように表されるとき，磁束密度を求めよ．ただし，K と k は定数である．次に，電流密度を求めよ．媒質は真空とする．

$$A = K\, (\hat{x} \cos kx + \hat{y} 2 \sin kx)\, \exp\!\left(\frac{ky}{2}\right)$$

```
In[18]:= VectorAnalysis
         SetCoordinates[Cartesian[x, y, z]]
         A = K e^(ky/2) {Cos[k x], 2 Sin[k x], 0};
         B = Curl[A]
         J = Curl[B]/μ₀
Out[18]= Cartesian[x, y, z]
Out[18]= {0, 0, (3/2) e^(ky/2) k K Cos[k x]}
Out[18]= {3 e^(ky/2) k² K Cos[k x]/(4 μ₀), 3 e^(ky/2) k² K Sin[k x]/(2 μ₀), 0}
```

9. ベクトルポテンシャル

演習問題 9.9 ベクトルポテンシャルが円筒座標を使って次のように表されるとき，磁束密度の表現を求めよ．ここに，f, g は微分可能な任意の関数である．

$$A_1 = \hat{\varphi}\, f(\rho)$$
$$A_2 = \hat{z}\, g(\rho)$$

```
In[19]:= VectorAnalysis
         SetCoordinates[Cylindrical[ρ,φ,z]];
         A₁ = {0,f[ρ],0};
         B₁ = Curl[A₁]
```
$$Out[19]= \left\{0, 0, \frac{f[\rho] + \rho\, f'[\rho]}{\rho}\right\}$$

```
In[20]:= J₁ = Simplify[Curl[B₁]/μ₀]
```
$$Out[20]= \left\{0, \frac{f[\rho] - \rho\,(f'[\rho] + \rho\, f''[\rho])}{\rho^2\, \mu_0}, 0\right\}$$

```
In[21]:= A₂ = {0,0,g[ρ]};
         B₂ = Curl[A₂]
```
$$Out[21]= \{0, -g'[\rho], 0\}$$

```
In[22]:= J₂ = Curl[B₂]/μ₀
```
$$Out[22]= \left\{0, 0, \frac{-g'[\rho] - \rho\, g''[\rho]}{\rho\, \mu_0}\right\}$$

10 電磁誘導

MATHEMATICA® 学習項目

- ♣ ファラデーの法則と電磁誘導
- ♣ 連続系の電磁誘導の法則
- ♣ インダクタンス
- ♣ ノイマンの公式
  - ◇ 有限長ソレノイドと長岡係数
  - ◇ 平行同軸コイル（円形，方形）

10.1 ファラデーの法則

　電流は磁界をつくるが，逆に磁界は，それが時間的に変動すると電流の源になる。これは 1831 年頃にファラデーにより実験的に見出され，ノイマンにより定量化され，次の法則にまとめられた。回路に**鎖交する磁束**を Φ とすると，回路には次式の起電力が発生する。

$$U = -\frac{d\Phi}{dt} \tag{10.1}$$

この現象を**電磁誘導**といい，式 (10.1) を**ファラデーの法則**，あるいはファラデー・ノイマンの法則という。この法則によれば，二つの回路が存在し，空間を隔てていてもたがいに影響し合う。すなわち，各回路に流れる電流が空間につくる磁界は，変動すると自身の回路だけでなく，相手の回路にも起電力を発生する。

ファラデーの法則を用いるとき，回路と**鎖交**する磁束があるかどうかをまず判断しなければならない。また鎖交する磁束があると判断されるとき，その大きさを求めなければならない。図 **10.1** は回路 C と力線が三様に交わっている場合を示している。鎖交するとは，回路と力線のループが交わっていて回路を引き抜こうとしても絡まって抜けない状態にあることを意味する。図 **10.1** のように，回路を縁とする面 S を考え，力線がその面を破る回数を数える。その回数 n を**鎖交回数**という。2 度破っていても，向きが逆向きの場合には打ち消し合ってゼロと数える。実際の磁束密度 $\boldsymbol{B}$ は連続分布しているので，次の積分によって**鎖交磁束** Φ を求める。

$$\Phi = \iint_S \boldsymbol{B} \cdot \hat{\boldsymbol{n}} dS \tag{10.2}$$

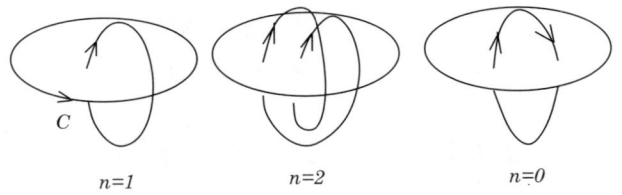

図 **10.1**: 回路 C と磁力線の鎖交，n は鎖交回数

10.2 連続系の電磁誘導の法則

回路の鎖交磁束と起電力の関係から，連続媒質の電界 $\boldsymbol{E}$ と磁束密度 $\boldsymbol{B}$ の関係に導くことができる。回路 C は導線からなる構造などがない空間内に，勝手に描いた曲線でよく

$$\oint_C \boldsymbol{E} \cdot d\boldsymbol{s} = -\frac{\partial}{\partial t} \iint_S \boldsymbol{B} \cdot d\boldsymbol{S} \tag{10.3}$$

ストークスの定理により，この積分形は次の微分形に書き直すことができる。

$$\nabla \times \boldsymbol{E} + \frac{\partial \boldsymbol{B}}{\partial t} = 0 \tag{10.4}$$

10.3　自己・相互インダクタンス

回路#1 と回路#2 があり，それぞれに電流 I_1 と I_2 が流れているとする。各回路に鎖交する磁束 Φ_1 と Φ_2 は各電流に比例するので，定数 L_1, L_2, M_{12}, M_{21} を用いて次のように表せる。

$$\Phi_1 = L_1 I_1 + M_{12} I_2, \quad \Phi_2 = M_{21} I_1 + L_2 I_2 \tag{10.5}$$

比例定数 L_1, L_2 を**自己インダクタンス**，M_{12}, M_{21} を**相互インダクタンス**という。単位は〔H〕である。

回路の形状に対称性があり，電流と磁束密度の関係がアンペアの周回積分の法則によって容易に求められる場合には，自己・相互インダクタンスは容易に決定できる。**無限長ソレノイド**，**無端ソレノイド**はその例である。

10.4　ノイマンの公式

任意形状の回路に対して，自己・相互インダクタンスを計算するにはノイマンの公式を用いる。これは，回路 C_1 と回路 C_2 の間の相互インダクタンスを二つの回路に沿う二重の線積分により与えるもので，次式で表される。

$$M_{12} = \oint_{C_1} \oint_{C_2} \frac{\mu_0}{4\pi r} d\mathbf{s}_1 \cdot d\mathbf{s}_2 \tag{10.6}$$

ここに，r は回路に沿う線素 $d\mathbf{s}_1$ と $d\mathbf{s}_2$ の間の距離である。自己インダクタンスは回路 C_1 と回路 C_2 を同じ回路とみなして式 (10.6) を計算すれば得られる。

✎ ノイマンの公式の誘導については，教科書などにより理解しておこう。

156   10. 電磁誘導

演習問題 10.1 図 **10.2**に示すような，半径が a, b の2個の円形コイルが中心間距離 d で平行に，同軸状に置かれている。相互インダクタンスを求め，結果を図示せよ。

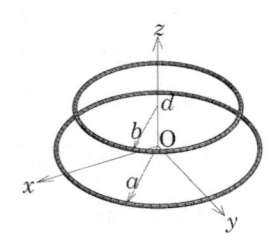

図 **10.2**: 平行同軸円形コイル

```
In[1]:= r₁ = {a Cos[φ₁], a Sin[φ₁], 0}; ds₁ = D[r₁, φ₁];

        r₂ = {b Cos[φ₂], b Sin[φ₂], d}; ds₂ = D[r₂, φ₂];
            二つの円形コイル上の点の座標と円周に沿う線素ベクトル
        R2 = (r₁ - r₂).(r₁ - r₂)//Simplify
Out[1]= a² + b² + d² - 2 a b Cos[φ₁ - φ₂]

In[2]:= R[φ₁_, φ₂_] = Sqrt[R2]
        ds₁.ds₂ //Simplify
Out[2]= √(a² + b² + d² - 2 a b Cos[φ₁ - φ₂])
Out[2]= a b Cos[φ₁ - φ₂]

In[3]:= M[a_, b_, d_] = Integrate[
          ∫₀^(2π) (μ₀ a b Cos[φ₂])/(4 π
                √(a² + b² + d² - 2 a b Cos[φ₂])) dφ₂,
          {φ₁, 0, 2 π}, GenerateConditions → False]
            ノイマンの公式 (10.6) による相互インダクタンス
```

$$Out[3] = -\frac{1}{4}\left(4\sqrt{a^2-2ab+b^2+d^2}\,\text{EllipticE}\left[-\frac{4ab}{a^2-2ab+b^2+d^2}\right] - \left(4(a^2+b^2+d^2)\,\text{EllipticK}\left[-\frac{4ab}{a^2-2ab+b^2+d^2}\right]\right)\right)/\left(\sqrt{a^2-2ab+b^2+d^2}\right)\mu_0$$

✎ EllipticK[m] は第 1 種完全楕円積分，EllipticE[m] は，第 2 種完全楕円積分である．文献によっては，MATHEMATICA における定義と異なるので注意を要する．MATHEMATICA における定義はヘルプにより調べておこう．

以下，In[7] までは Out[3] を用いるので，ノートブックを閉じないで，引き続き入力する．

演習問題 10.2　$a = b = 0.01$ m のとき，間隔 d 対 相互インダクタンス M の特性を図示せよ．

```
In[4]:= μ₀ = 4π/10⁷;
        g1 = Plot[M[0.01, 0.01, d], {d, 0.005, 0.05},
          AxesLabel →
          {StyleForm["d[m]", FontSize → 11],
            StyleForm["M[H]", FontSize → 11]},
          DisplayFunction → Identity];
        g2 = Graphics[Text[StyleForm["a = b = 0.01m",
            FontSize → 11], {0.03, 6/10⁹}]];
        Show[{g1, g2},
          DisplayFunction → $DisplayFunction]
```

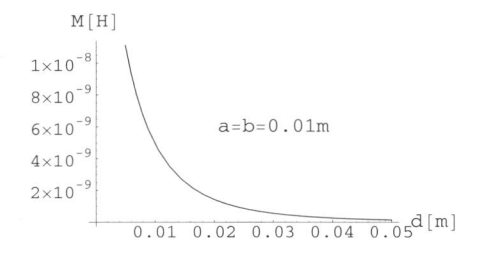

158　10. 電磁誘導

> **演習問題** *10.3*　$a = d = 0.01\,\mathrm{m}$ のとき，一つのループの半径 b 対相互インダクタンス M の特性を図示せよ。

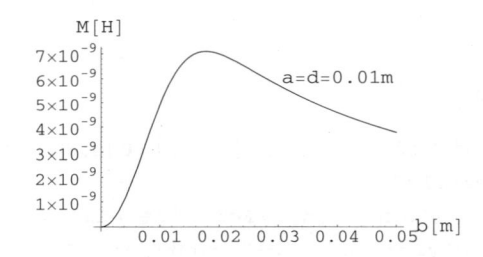

```
In[5]:= g3 = Plot[M[0.01, b, 0.01],
          {b, 0, 0.05}, AxesLabel →
            {StyleForm["b[m]", FontSize → 11],
             StyleForm["M[H]", FontSize → 11]},
          DisplayFunction → Identity];
        g4 = Graphics[Text[StyleForm["a = d = 0.01m",
             FontSize → 11], {0.04, 6/10^9}]];
        Show[{g3, g4},
          DisplayFunction → $DisplayFunction]
```

M[H]
7×10⁻⁹
6×10⁻⁹
5×10⁻⁹　　　　a=d=0.01m
4×10⁻⁹
3×10⁻⁹
2×10⁻⁹
1×10⁻⁹
　　0.01 0.02 0.03 0.04 0.05 b[m]

> **演習問題** *10.4*　$a = 0.01\,\mathrm{m}$ のとき，b と d に対する相互インダクタンス M の変化を等高線で図示せよ。

```
In[6]:= g5 = ContourPlot[M[0.011, b, d],
          {b, 0.0001, 0.03}, {d, 0.0001, 0.03},
          Contours → 20, ContourShading → False,
          FrameLabel →
            {StyleForm["b[m]", FontSize → 11],
             StyleForm["d[m]", FontSize → 11]},
          DisplayFunction → Identity];
```

```
In[7]:= g6 = Graphics[
          Text[StyleForm["a = 0.01m",
            FontSize → 11], {0.02, 0.025}]];
        Show[{g5, g6},
          DisplayFunction → $DisplayFunction]
```

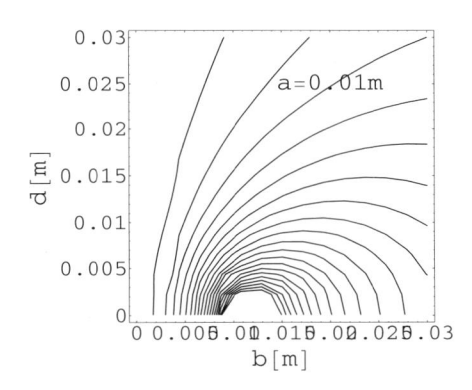

10.5　平行線電流間の相互インダクタンス

演習問題 10.5 図 **10.3** に示すような，2本の平行線に電流が同じ向きに流れているときの相互インダクタンスを求めよ。

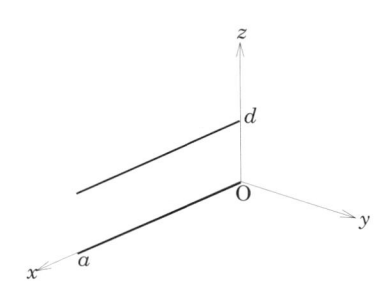

図 **10.3**: 平行な導線（長さ a，間隔 d）

$In[8]:=$ `r`$_1$` = {x`$_1$`, 0, 0}; r`$_2$` = {x`$_2$`, 0, d};`
`dx1 = D[r`$_1$`, x`$_1$`]; dx2 = D[r`$_2$`, x`$_2$`];`
`R[x`$_1\_$`, x`$_2\_$`, d_] = ` $\sqrt{(r_1 - r_2) \cdot (r_1 - r_2)}$

$Out[8]=$ $\sqrt{d^2 + (x_1 - x_2)^2}$

$In[9]:=$ `M`$_1$`[d_, a_] = Integrate`$\Big[\dfrac{\mu_0 \, \text{dx1.dx2}}{4\pi\sqrt{d^2+(x_1-x_2)^2}},$
`{x`$_1$`, 0, a}, {x`$_2$`, 0, a}, GenerateConditions → False`$\Big]$

ノイマンの公式 (10.6) による相互インダクタンス

$Out[9]=$ $\dfrac{1}{4\pi}\Big(\big(2\sqrt{d^2} - 2\sqrt{a^2+d^2} -$
$a \operatorname{Log}\big[-a+\sqrt{a^2+d^2}\big] + a \operatorname{Log}\big[a+\sqrt{a^2+d^2}\big]\big)\mu_0\Big)$

$In[10]$ は $Out[9]$ を使うので，引き続いて入力する。

演習問題 10.6 図 **10.4** に示すような，一辺が a の正方形ループ二つが間隔 d で平行に置かれている。両者の間の相互インダクタンスを求めよ。

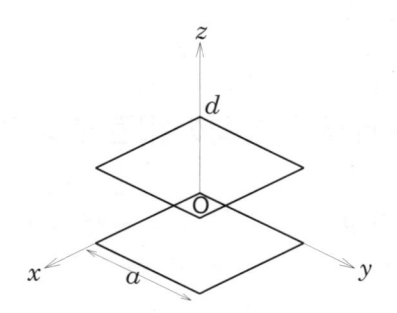

図 **10.4**: 間隔 d で平行に置かれた二つの一辺 a の正方形ループ

$In[10]:=$ `M[a_, d_] := `$\dfrac{4\left(M_1[d,a] - M_1\left[\sqrt{d^2+a^2}, a\right]\right)}{\mu_0}$`;`
`ContourPlot[M[a, d], {a, 0.01, 0.1},`
`{d, 0.01, 0.1}, FrameLabel → {"a", "d"},`
`Contours → {0.0001, 0.001, 0.003, 0.01,`
`0.03}, ContourShading → False]`

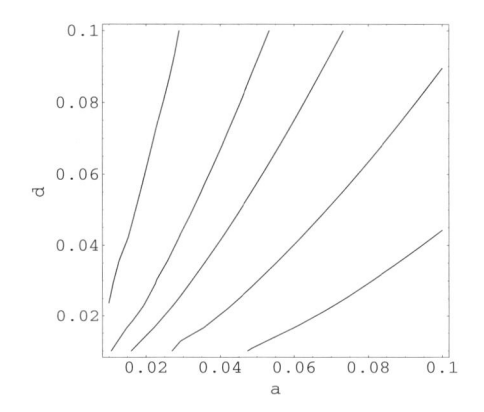

10.6 長岡係数

半径 a, 単位長当りの巻き数 n のコイルのインダクタンスを求める。軸方向の長さが無限に長い場合は, 端の乱れがないので簡単に求めることができる。このようなコイルを**無限長ソレノイド**といい, 単位長当りのインダクタンスは次式で与えられる。

$$L_{\text{無限}} = \mu_0 \pi a^2 n^2 \tag{10.7}$$

✍ 式 (10.7) の誘導などを教科書などで理解しておこう。

現実のコイルは有限長であり, 端における乱れによってインダクタンスの計算は簡単ではなくなる。図 **10.5** に示すように, 長さを ℓ, 巻き数を N とすると, $n = \dfrac{N}{\ell}$ であり, 無限長の単位長当りのインダクタンス L' に長さ ℓ を乗じて得られる近似式は

$$L_{\text{有限}} \approx L'_{\text{無限}} \times \ell = \frac{\mu_0 \pi a^2 N^2}{\ell} \tag{10.8}$$

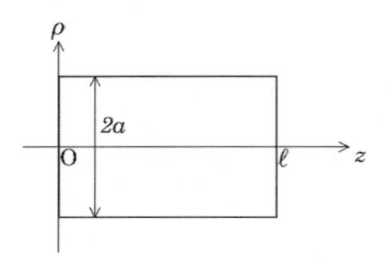

図 **10.5**: 有限長ソレノイド

✍ ノイマンの公式によって厳密に有限長ソレノイドのインダクタンスを求めると，式 (10.8) に半径と軸長の比に依存する係数を乗じた結果となる．この係数を**長岡係数**といい，本書では Na で表す．少し複雑な計算が必要であるが，MATHEMATICA® の助けを借りて長岡係数 Na の公式を導いてみよう．ノイマンの公式を図 **10.5** の構造に適用すると

$$L = \int_0^{2\pi} a\,d\varphi \int_0^{2\pi} a\,d\varphi' \cos(\varphi - \varphi') \int_0^{\ell} n\,dz \int_0^{\ell} n\,dz' \frac{\mu_0}{4\pi R} \tag{10.9}$$

$$R = \sqrt{(z-z')^2 + 4a^2 \sin^2\left(\frac{\varphi-\varphi'}{2}\right)} \tag{10.10}$$

被積分関数の性質に注意して，簡略化を行う．

(1) φ と φ' について

二つの差の関数である．そして，両者に対して周期関数であるので，$t = \varphi - \varphi'$ とおくと

$$\int_0^{2\pi} d\varphi \int_0^{2\pi} d\varphi' f(\varphi-\varphi') = \int_0^{2\pi} \int_{\varphi}^{\varphi+2\pi} f(\varphi-\varphi')$$
$$= \int_0^{-2\pi} \int_0^{2\pi} f(-t)(-dt) = 2\pi \int_0^{2\pi} f(t)\,dt$$

ここに，$t = \varphi' - \varphi$ の関数 $f(t)$ は偶関数であることを用いている．

(2) z と z' について

被積分関数は $u = z - z'$ の（偶）関数である．積分領域を図 **10.6** に示す．z と z' に関する積分を u と zv に関する積分に変換する．

$$\int_0^{\ell} dz \int_0^{\ell} dz' = \frac{1}{2}\int_{-\ell}^{\ell} du \int_0^{2\ell} dv f(u)$$
$$= \frac{1}{2}\int_{-\ell}^{0} 2(\ell+u)f(u)\,du + \frac{1}{2}\int_0^{\ell} 2(\ell-u)f(u)\,du = 2\int_0^{\ell}(\ell-u)f(u)\,du$$

10.6 長岡係数

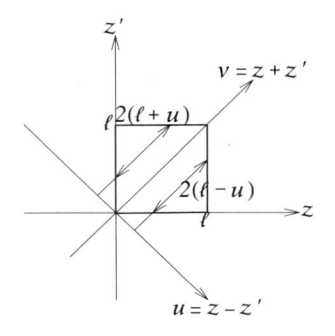

図 **10.6**: z と z' に対する積分領域

(1) によって

$$L = 2\pi \cdot \frac{\mu_0 n^2 a^2}{4\pi} \int_0^{2\pi} dt \cos t \int_0^\ell dz \int_0^\ell dz' \frac{1}{R} \tag{10.11}$$

さらに (2) によって

$$L = \frac{\mu_0 n^2 a^2}{2} \int_0^{2\pi} dt \cdot \cos t \int_0^\ell (\ell - u) \frac{du}{\sqrt{u^2 + (2a)^2 \sin^2 \frac{t}{2}}} \tag{10.12}$$

次に，以下の変数変換を行う。

$$p \triangleq \frac{2a}{\ell}, \quad q \triangleq \frac{u}{\ell}, \quad du = \ell \, dq$$

こうすると，式 (10.12) は次のように変形できる。

$$\begin{aligned}
L &= \mu_0 \left(\frac{N}{\ell}\right)^2 a^2 \int_0^{2\pi} dt \cdot \cos t \int_0^1 \ell(1-q) \frac{\ell \, dq}{\sqrt{\ell^2 q^2 + \ell^2 p^2 \sin^2 \frac{t}{2}}} \\
&= \mu_0 \frac{\pi a^2 N^2}{\ell} \frac{1}{\pi} \int_0^{2\pi} dt \, \cos t \int_0^1 \frac{(1-q) \, dq}{\sqrt{q^2 + p^2 \sin^2 \frac{t}{2}}}
\end{aligned} \tag{10.13}$$

式 (10.8) と式 (10.13) から**長岡係数**は次の 2 重積分で表される。

$$Na = \frac{1}{\pi} \int_0^{2\pi} dt \cos t \int_0^1 \frac{(1-q) \, dq}{\sqrt{q^2 + p^2 \sin^2 \frac{t}{2}}} \tag{10.14}$$

長岡係数は $p = 2a$(ボビン直径)$/\ell$(ボビン軸長) の関数である。

10. 電磁誘導

演習問題 10.7 長岡係数 (10.14) の計算を *MATHEMATICA* によって行い，長岡係数のグラフと数表を作成せよ．

```
In[11]:= f[q_, t_, p_] := (1 - q)/Sqrt[q^2 + p^2 Sin[t/2]^2]
         g[t_, p_] = Integrate[f[q, t, p], {q, 0, 1},
             GenerateConditions -> False]
```

$$Out[11] = \frac{1}{2}\left(\sqrt{2}\sqrt{p^2 - p^2 \cos[t]} - \sqrt{2}\sqrt{2 + p^2 - p^2 \cos[t]} - 2\log\left[\sqrt{2}\sqrt{p^2 - p^2 \cos[t]}\right] + 2\log\left[2 + \sqrt{2}\sqrt{2 + p^2 - p^2 \cos[t]}\right]\right)$$

```
In[12]:= Na[p_] = (1/π) Integrate[Cos[t] g[t, p], {t, 0, 2π},
             GenerateConditions -> False]
```

$$Out[12] = -\frac{1}{3 p^2 \pi}\left(4\left((p^2)^{3/2} + \text{EllipticE}[-p^2] - p^2 \text{EllipticE}[-p^2] - \text{EllipticK}[-p^2] - p^2 \text{EllipticK}[-p^2]\right)\right)$$

```
In[13]:= << Graphics`Graphics`
         LogLinearPlot[Na[p], {p, 0.01, 100}, PlotRange -> All,
             GridLines -> {Automatic, {0.1, 0.2, 0.3, 0.4,
                 0.5, 0.6, 0.7, 0.8, 0.9}}, Frame -> True,
             PlotPoints -> 50, FrameLabel -> {"2a/len",
                 "Nagaoka Coefficient"}, RotateLabel -> True];
```

ここで，ソレノイドの長さ ℓ を **len** と表記した．

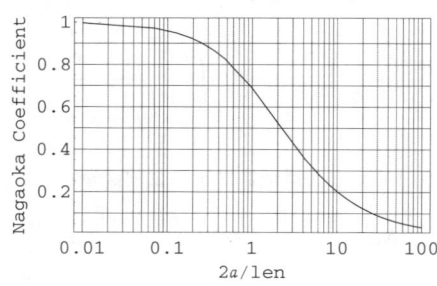

```
In[14]:= x1 = Table[0.05 * i, {i, 1, 20}]; t1 = Na/@x1;
        x2 = Table[0.1 * i, {i, 11, 30}]; t2 = Na/@x2;
        x3 = Table[0.5 * i, {i, 7, 26}]; t3 = Na/@x3;
        TableForm[Transpose[{x1, t1, x2, t2, x3, t3}],
          TableHeadings →
            {None, {"2a/len", " Na", "2a/len", " Na", "2a/len",
              " Na"}}]
```

2a/len	Na	2a/len	Na	2a/len	Na
0.05	0.979092	1.1	0.667314	3.5	0.394402
0.1	0.958807	1.2	0.647527	4.	0.365432
0.15	0.939143	1.3	0.628951	4.5	0.340899
0.2	0.920093	1.4	0.611488	5.	0.319825
0.25	0.901649	1.5	0.595046	5.5	0.301504
0.3	0.883803	1.6	0.579543	6.	0.28541
0.35	0.866542	1.7	0.564902	6.5	0.271146
0.4	0.849853	1.8	0.551057	7.	0.258406
0.45	0.833723	1.9	0.537945	7.5	0.246949
0.5	0.818136	2.	0.52551	8.	0.236582
0.55	0.803075	2.1	0.513701	8.5	0.227152
0.6	0.788525	2.2	0.502472	9.	0.218532
0.65	0.774467	2.3	0.491781	9.5	0.210618
0.7	0.760885	2.4	0.48159	10.	0.203324
0.75	0.747762	2.5	0.471865	10.5	0.196575
0.8	0.735079	2.6	0.462573	11.	0.190312
0.85	0.72282	2.7	0.453686	11.5	0.184481
0.9	0.710969	2.8	0.445177	12.	0.179037
0.95	0.699508	2.9	0.437022	12.5	0.173942
1.	0.688423	3.	0.429199	13.	0.169162

10.7 問題を解こう

演習問題 10.8 自己インダクタンスが L_1 と L_2, 相互インダクタンスが M_{12} の二つのコイルを直列に接続したとき, 合成インダクタンスを求めよ.

10. 電磁誘導

```
In[15]:= {Φ₁, Φ₂} = {{L₁, M₁₂}, {M₁₂, L₂}}.{i₁, i₂};
        Simplify[(Φ₁ + Φ₂)/i₁ /.{i₂ → i₁}]
```
直列接続であるので $i_1 = i_2$。
```
Out[15]= L₁ + L₂ + 2 M₁₂
```

> **演習問題** *10.9* 半径 1 cm のボビンに間隔 d 〔cm〕をおいて長さが 2 cm, 巻き数 1 000 の二つのコイルが巻かれている. 相互インダクタンス M を d の関数として求め, $M - d$ 曲線を描け.

✎ 図 **10.7** に示すように, 第 1 のコイルが $\overline{ab}$, 第 2 のコイルが $\overline{cd}$ にあるとする. $\overline{bc}$ にもコイルが巻かれているとすると

$$L_{ad} = L_{ab} + L_{bd} + 2M_{ab,bd} \tag{10.15}$$

$$2M_{ab,bd} = 2M_{ab,bc} + 2M_{ab,cd} \tag{10.16}$$

$$-L_{ac} = -(L_{ab} + L_{bc} + 2M_{ab,bc}) \tag{10.17}$$

上の 3 式を辺々加えると

$$L_{ad} - L_{ac} = L_{bd} + 2M_{ab,cd} - L_{bc} \quad \therefore \quad M_{ab,cd} = \frac{L_{ad} + L_{bc} - L_{ac} - L_{bd}}{2} \tag{10.18}$$

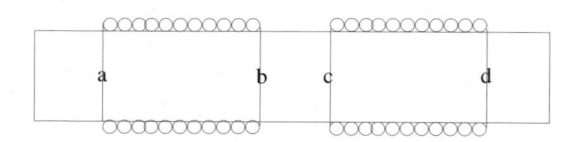

図 **10.7**: 同一ボビンに巻いた二つのコイル

```
In[16]:= Na[p_] :=
        -1/(3 p² π)
        (4 ((p²)^(3/2) - (-1 + p²) EllipticE[-p²] -
           (1 + p²) EllipticK[-p²]));
```
長岡係数, *Out[12]*
$$\mu_0 = \frac{4\pi}{10^7}; \quad L[len_{\_}, a_{\_}, n_{\_}] = \frac{\mu_0 \pi a^2 n^2}{len};$$
式 (10.8), ただし, 長さを `len` とする.

```
In[17]:= r = 0.01; h = 0.02; m = 1000/h;
```
ボビン半径 r, ボビン長 h, 単位長当りの巻き数 m
```
pab = 2r/h; pbc[d_] := 2r/d; pcd = pab; pac[d_] := 2r/(h+d);
pbd[d_] := pac[d]; pad[d_] := 2r/(2h+d);
Lab = L[h, r, m h] Na[pab];
Lbc[d_] := L[d, r, m d] Na[pbc[d]];
Lcd = Lab;
Lac[d_] := L[h+d, r, m (h+d)] Na[pac[d]];
Lbd[d_] = Lac[d];
Lad[d_] := L[2 h+d, r, m (2 h+d)] Na[pad[d]];
M[d_] := 1/2 (Lad[d] + Lbc[d] - Lac[d] - Lbd[d]);
Plot[M[d], {d, 0.0001, 0.01},
    PlotRange → All, AxesOrigin → {0, 0}]
```

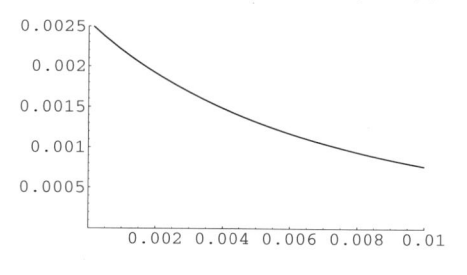

11 磁 性 体

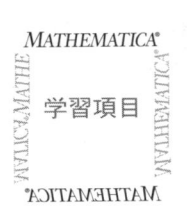

学習項目
- ♣ 磁化と磁化電流，真電流
- ♣ 磁界，透磁率
- ♣ 磁性体と境界値問題
  - ◇ 磁力線の屈折
  - ◇ 映像電流法

11.1 磁化と磁界

物質内にはさまざまな微小円電流が存在し，外部からの磁気的な力が存在しないとランダムな向きを向いているが，存在すると向きを変える。微小円電流は磁気双極子に置き換えられ，向きが揃った磁気双極子は2次の磁気的な力を外部につくる。このとき物質は**磁化された**といい，この作用が強い物質を**磁性体**という。物質が磁化される現象を**磁気誘導**という。

磁化の程度を，磁気モーメントの密度により表し，このベクトルを**磁化 M** と定義する。

11.1.1 磁化電流

磁性体の磁化に基づく2次の磁気的な力の源を，電流に置き換え**磁化電流 J_m** を定義する。磁化 M から次式により求められる。

$$J_m = \nabla \times M \tag{11.1}$$

磁性体の境界面では磁化の微分は無限大となるが，無限に薄い断面に流れる面

電流密度 A として定義することができる。磁性体表面から外向きの法線単位ベクトルを $\hat{n}$ とすると

$$A = M \times \hat{n} \tag{11.2}$$

✎ 教科書により，磁化電流が式 (11.1) と式 (11.2) で与えられることを理解しておこう。

11.1.2 磁　界

磁束密度は回路電流によっても，磁化電流によっても同じ法則に従ってつくられる。回路電流を磁化電流と区別して**真電流**という。真電流の密度を J，磁化電流の密度を J_m とすると

$$\nabla \times B = \mu_0(J + J_m) = \mu_0 J + \mu_0 \nabla \times M \tag{11.3}$$

上の式を真電流のみが右辺にあるように変形すると

$$\nabla \times \left(\frac{B}{\mu_0} - M\right) = J \tag{11.4}$$

左辺の括弧の中は真電流のみによってつくられる物理量であると考えることができる。これを**磁界 H** と定義する。すなわち

$$H = \frac{B}{\mu_0} - M \tag{11.5}$$

11.1.3 透 磁 率

磁界は真電流に比例する。磁化は真電流によりつくられた磁界に比例する。磁束密度は両者に適当な重みをかけて重ね合わせたものであるので磁界に比例する。比例係数を**透磁率**と定義する。真空の透磁率を μ_0 とし，$\mu_0 = 4\pi \times 10^{-7}$ と定める。磁性体の透磁率 μ と真空の透磁率の比を**比透磁率 μ_r** という。

$$B = \mu H = \mu_0 \mu_r H \tag{11.6}$$

170　11. 磁　　性　　体

強磁性体と呼ばれるものは例外であり，単純なスカラーで磁束密度と磁界を結ぶことができない。横軸を磁界，縦軸を磁束密度として描いた曲線を**磁化曲線**，あるいは **BH 曲線**と呼ぶ。磁化曲線は一意に定まらず，磁界をどのように変化させたか，過去の履歴に依存する。この現象を**履歴現象**，あるいは**ヒステリシス現象**と呼ぶ。このように，強磁性体はスカラーの透磁率が定義できないので，磁界と磁束密度の関係は磁化曲線により表す。

演習問題 11.1 半径 a の内導体と内半径 b の外導体からなる同軸線路の内部の媒質の透磁率が以下のように表される。この同軸線路の内外導体を往復電流 I が流れるとき，磁界，磁束密度，磁化，磁化電流を順次求めよ。次に，$a = 5\,\text{mm}$, $b = 2\,\text{cm}$, $c = 1\,\text{cm}$, $I = 100\,\text{A}$ として，磁束密度の変化を図示せよ。磁化電流がデルタ関数状に存在するために，磁束密度は不連続となるであろう。

$$\mu = \begin{cases} \mu_1 & (a < \rho < c) \\ \mu_2 & (c < \rho < b) \end{cases} \tag{11.7}$$

$In[1]:=$ `VectorAnalysis`
　　　　`SetCoordinates[Cylindrical[ρ,φ,z]];`
　　　　$\mu[\rho\_] := \mu_1 + (\mu_2 - \mu_1)\,\text{UnitStep}[\rho - c];$
　　　　`Solve[2 π ρ H == i, H]`

$Out[1]= \left\{\left\{H \to \dfrac{i}{2\pi\rho}\right\}\right\}$

$In[2]:=$ `H[ρ_] = H/.%[[1]]`
　　　　磁界

$Out[2]= \dfrac{i}{2\pi\rho}$

$In[3]:=$ $B[\rho\_] = \mu[\rho]\,H[\rho]$
　　　　磁束密度

$Out[3]= \dfrac{i\,(\mu_1 + (-\mu_1 + \mu_2)\,\text{UnitStep}[-c+\rho])}{2\pi\rho}$

$In[4]:=$ $M[\rho\_] = \dfrac{B[\rho]}{\mu_0} - H[\rho]$
　　　　磁化

11.1 磁化と磁界

$Out[4]= -\dfrac{i}{2\pi\rho} + \dfrac{i\,(\mu_1 + (-\mu_1 + \mu_2)\,\text{UnitStep}[-c+\rho])}{2\pi\rho\,\mu_0}$

$In[5]:=$ **Curl[{0, M[ρ], 0}]**
　　　　磁化電流

$Out[5]= \Big\{0,\,0,\,\dfrac{1}{\rho}$
$\Big(-\dfrac{i}{2\pi\rho} + \dfrac{i\,(\mu_1 + (-\mu_1 + \mu_2)\,\text{UnitStep}[-c+\rho])}{2\pi\rho\,\mu_0} +$
$\rho\,\Big(\dfrac{i}{2\pi\rho^2} + \dfrac{i\,\text{DiracDelta}[c-\rho]\,(-\mu_1+\mu_2)}{2\pi\rho\,\mu_0} -$
$\dfrac{i\,(\mu_1 + (-\mu_1+\mu_2)\,\text{UnitStep}[-c+\rho])}{2\pi\rho^2\,\mu_0}\Big)\Big)\Big\}$

$In[6]:=$ **Jm[ρ_] = $\dfrac{i\,\text{DiracDelta}[c-\rho]\,(-\mu_1+\mu_2)}{2\,\pi\,\rho\,\mu_0}$**

$Out[6]= \dfrac{i\,\text{DiracDelta}[c-\rho]\,(-\mu_1+\mu_2)}{2\pi\rho\,\mu_0}$

$In[7]:=$ **n = {-1, 0, 0};**
　　　　A[ρ_] =
　　　　Cross[{0, M[ρ], 0}, n] DiracDelta[ρ - a] //
　　　　　　Simplify
　　　　式(11.2)による内導体面上の磁化電流面密度

$Out[7]= \Big\{0,\,0,\,-\dfrac{1}{2\pi\rho\,\mu_0}\,(i\,\text{DiracDelta}[a-\rho]$
$(\mu_0 + \mu_1\,(-1+\text{UnitStep}[-c+\rho]) -$
$\mu_2\,\text{UnitStep}[-c+\rho]))\Big\}$

$In[8]:=$ **n = {1, 0, 0};**
　　　　A[ρ_] =
　　　　Cross[{0, M[ρ], 0}, n] DiracDelta[ρ - b] //
　　　　　　Simplify
　　　　式(11.2)による外導体面上の磁化電流面密度

$Out[8]= \Big\{0,\,0,\,\dfrac{1}{2\pi\rho\,\mu_0}\,(i\,\text{DiracDelta}[b-\rho]$
$(\mu_0 + \mu_1\,(-1+\text{UnitStep}[-c+\rho]) -$
$\mu_2\,\text{UnitStep}[-c+\rho]))\Big\}$

```
In[9]:= μ₀ = (4π)/(10⁷); μ₁ = μ₀; μ₂ = 10 μ₀;
        c = 0.01; i = 100;
        Plot[B[ρ], {ρ, 0, 0.02},
          AxesLabel → {"ρ", "B[ρ]"},
          PlotRange → {{0, 0.02}, {0, 0.05}}]
```

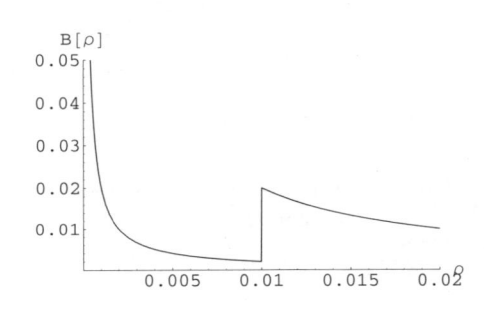

11.2 磁性体境界面における境界条件

磁束密度と磁界の関係は，数学的形式においては電束密度と電界の関係に等価である。したがって磁性体境界面における境界条件は，誘電体境界面における境界条件 (5.12) と (5.13) を

$$D \longrightarrow B, \quad E \longrightarrow H, \quad \varepsilon \longrightarrow \mu$$

と置き換えることにより得られ，次のようになる（電荷に対応する磁荷は存在しない）。

$$\hat{n} \times (H_1 - H_2) = 0 \tag{11.8}$$

$$\hat{n} \cdot (B_1 - B_2) = 0 \tag{11.9}$$

ここに，$\hat{n}$ は境界面での法線方向単位ベクトルである。境界で $\hat{n} \times H$ と $\hat{n} \cdot B$ が連続である。

磁力線の屈折も電気力線の屈折と同じ法則に従う。境界面の法線と磁力線のなす角を，透磁率 μ_1 の媒質側で θ_1，透磁率 μ_2 の媒質側で θ_2 であるとすると

$$\frac{\tan \theta_1}{\mu_1} = \frac{\tan \theta_2}{\mu_2} \tag{11.10}$$

11.2 磁性体境界面における境界条件

磁束密度と磁界に関する境界条件と用いて，境界面近くに直線電流がある場合の磁界を求めてみよう。この場合は**映像電流法**により磁界を求めることができる。電流に垂直な断面を図 *11.1* に示す。透磁率 μ_1 の媒質#1 の中に直線電流 I_0 がある。#1 に対する磁界は全空間を透磁率 μ_1 の媒質で埋め尽くし，その代わり，映像点を通る映像直線電流 I_1 により計算する。#2 に対する磁界は全空間を透磁率 μ_2 の媒質で埋め尽くし，原系の電流の位置に映像直線電流 I_2 があるとして計算する。境界条件を満たす映像電流は

$$I_1 = \frac{\mu_2 - \mu_1}{\mu_2 + \mu_1} I_0, \quad I_2 = \frac{2\mu_1}{\mu_2 + \mu_1} I_0 \tag{11.11}$$

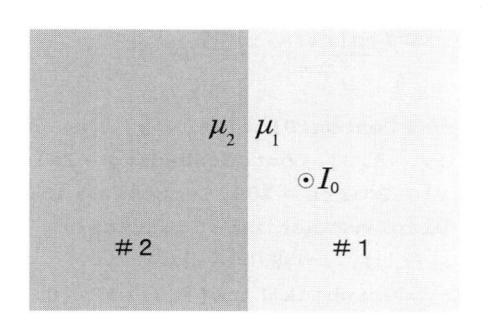

図 *11.1*: 二種磁性体境界近くの直線電流

✎ 映像電流法を教科書等で理解しておこう。

演習問題 11.2 透磁率が異なる二種媒質の境界面近くにある直線電流による磁界の力線を，透磁率の比が 3, 5, 10, 100 の四つの場合に対して描き，違いを調べよ。

```
In[10]:= Off[General :: spell1]
        Mbndry[μ1_, μ2_] :=
          Module[{r1, r2, x, y, i0, i1, i2, Az,
            hline, bndry, lncrrnt},
            r1[x_, y_] := √((x - 1.)² + y²);
              z方向に流れる電流のxy面内の座標
            r2[x_, y_] := √((x + 1.)² + y²);
              z方向に流れる映像電流のxy面内の座標
            i0 = 1.; i1 = (μ2 - μ1)/(μ2 + μ1); i2 = (2 μ1)/(μ2 + μ1);
            Az[x_, y_] =
              If[x > 0, -(μ1 Log[r1[x, y]^i0 r2[x, y]^i1])/(2 π),
              -(μ2 Log[r1[x, y]^i2])/(2 π)];
              ベクトルポテンシャルのz成分
            hline = ContourPlot[Az[x, y], {x, -3, 3},
              {y, -3, 3}, ContourShading → False,
              PlotPoints → 100, Contours → 15, Frame → False,
              DisplayFunction → Identity];
              式(9.11)により磁力線を描く
            bndry = Graphics[Line[{{0, -3}, {0, 3}}]];
              境界線
            lncrrnt = Graphics[Disk[{1, 0}, 0.1]];
              線電流
            gr = Show[{hline, bndry, lncrrnt},
              DisplayFunction → Identity];    Return[gr]]
        On[General :: spell1]

In[11]:= gr13 = Mbndry[1, 3]; gr15 = Mbndry[1, 5];
        gr110 = Mbndry[1, 10];
        gr1100 = Mbndry[1, 100];

In[12]:= Show[GraphicsArray[
            {{gr13, gr15}, {gr110, gr1100}}],
          DisplayFunction → $DisplayFunction]
```

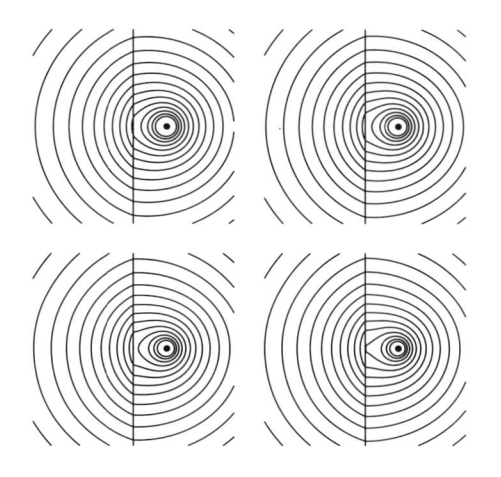

11.3 問題を解こう

演習問題 11.3 内半径 a, 外半径 $b = a + d$ のトロイダル状鉄心に N 巻きのコイルを巻いた**環状ソレノイド**がある。コイルの断面は $w \times d$ の方形断面である。

(1) ソレノイドの中心軸からの径座標を ρ として，磁界 $H(\rho)$ を求めよ。
(2) 磁束密度 $B(\rho)$ を求めよ。
(3) 磁化 $M(\rho)$ を求めよ。
(4) 磁化電流密度 $J_m(\rho)$ と，$\rho = a$ における磁化電流面密度 A を求めよ。
(5) 真電流と磁化電流を真空中のアンペアの法則に適用して，磁束密度を求め，(2) の結果と一致することを確かめよ。

```
In[13]:= VectorAnalysis
        SetCoordinates[Cylindrical[ρ,φ,z]];
        Solve[2πρH == Ni, H]
Out[13]= {{H → (i N)/(2 π ρ)}}

In[14]:= H_φ[ρ_] = H/.%[[1]]; B_φ[ρ_] = μ H_φ[ρ]
```

11. 磁性体

$Out[14]= \dfrac{i N \mu}{2 \pi \rho}$

$In[15]:=$ **M$_\varphi$[ρ_] = $\dfrac{B_\varphi[\rho]}{\mu_0}$ - H$_\varphi$[ρ]**

$Out[15]= -\dfrac{i N}{2 \pi \rho} + \dfrac{i N \mu}{2 \pi \rho \mu_0}$

$In[16]:=$ **J$_m$ = Curl[{0, M$_\varphi$[ρ], 0}]//Simplify**

$Out[16]= \{0, 0, 0\}$

$In[17]:=$ **n = {-1, 0, 0};**
A = Cross[{0, M$_\varphi$[a], 0}, n]

$Out[17]= \left\{0, 0, -\dfrac{i N}{2 a \pi} + \dfrac{i N \mu}{2 a \pi \mu_0}\right\}$

$In[18]:=$ **Solve[2 π ρ B == μ_0(N i + 2 π a A[[3]]), B]//**
Simplify

$Out[18]= \left\{\left\{B \to \dfrac{i N \mu}{2 \pi \rho}\right\}\right\}$

12 磁気エネルギーと力

MATHEMATICA 学習項目

♣ 磁気エネルギー密度
♣ 導体内の電流分布
　◊ 表皮効果，渦電流
♣ ローレンツ力
　◊ 荷電粒子の運動，サイクロイド運動

12.1　空間の磁気エネルギー密度

インダクタンス L のコイルに電流 I を流すとコイルには**磁気エネルギー** $W_m = \dfrac{1}{2}LI^2$ が蓄えられる。このエネルギーはコイルのまわりの空間に次式に等しい密度で分布している。インダクタンスはこのように、磁界を集中定数回路にモデル化する際に得られる定数である。

$$w_m = \frac{1}{2}\boldsymbol{B}\cdot\boldsymbol{H} \tag{12.1}$$

これを空間で積分すると $\dfrac{1}{2}LI^2$ が得られる。この積分は 3 次元空間の体積積分であるので，一般的に計算が難しい。この積分をいくぶん容易にする方法がある。それは，ベクトルポテンシャルを電流の存在する領域で求め，次の積分を行う方法である。

$$W_m = \frac{1}{2}\iiint \boldsymbol{A}\cdot\boldsymbol{J}\,dV \tag{12.2}$$

電流が分布電流ではなく，導線に流れる線電流のとき，式 (12.2) の積分（三重積分）は導線の中心軸に沿う線積分（一重積分）に近似できる。

12. 磁気エネルギーと力

✍ 式 (12.1) の体積積分が式 (12.2) に等しいことを証明せよ。また、電界のエネルギー密度とその体積積分について同じ簡易化が可能である。電界の場合、式 (12.1) と式 (12.2) に相当する式は何か。

> **演習問題 12.1** 2本の円形断面の**平行導線**に往復の電流 $\pm I$ が流れている。軸方向に単位長の空間に蓄積されている磁気エネルギーを近似的に求めよ。そして、単位長当りのインダクタンス L を求め、同じ構造の単位長当りの静電容量 C と $LC = \mu_0 \varepsilon_0$ の関係にあることを確かめよ。導線の直径を d、間隔を D とする。

直線電流によるベクトルポテンシャルは式 (9.9) により表せるので

$In[1]:=$ $\mathbf{A}[\rho_-] := -\dfrac{\mu_0\, \mathbf{i}}{2\pi}\, \mathbf{Log}[\rho];$
　　　　I は虚数単位として定義されているので、
　　　　電流として小文字 **i** を用いる。

$\mathbf{A} = \mathbf{A}\!\left[\dfrac{\mathbf{d}}{2}\right] - \mathbf{A}[\mathbf{D}]$

$Out[1]=$ $-\dfrac{i\, \text{Log}\!\left[\tfrac{d}{2}\right] \mu_0}{2\pi} + \dfrac{i\, \text{Log}[D]\, \mu_0}{2\pi}$

$In[2]:=$ $\mathbf{W_m} = 2 * \dfrac{1}{2} \mathbf{A\, i}$

$Out[2]=$ $i\left(-\dfrac{i\, \text{Log}\!\left[\tfrac{d}{2}\right] \mu_0}{2\pi} + \dfrac{i\, \text{Log}[D]\, \mu_0}{2\pi} \right)$

$In[3]:=$ $\mathbf{L} = \dfrac{\mathbf{W_m}}{\tfrac{1}{2}\mathbf{i}^2}\,//\mathbf{Simplify}$

$Out[3]=$ $\dfrac{(-\text{Log}[d] + \text{Log}[2D])\, \mu_0}{\pi}$

$In[4]:=$ $\mathbf{c} = \dfrac{\pi\, \varepsilon_0}{\mathbf{Log}\!\left[\tfrac{2D}{d}\right]}$

$\mathbf{L\, c};$
　　C は微分方程式の解の積分定数として定義されているので、
　　静電容量として小文字 **c** を用いる。

$Out[4]=$ $\dfrac{(-\text{Log}[d] + \text{Log}[2D])\, \varepsilon_0 \mu_0}{\text{Log}\!\left[\tfrac{2D}{d}\right]}$

12.2 導体内の電流分布

導電率 σ, 透磁率 μ の導体内に電流が密度 J で分布するとき,電磁界はつぎの連立微分方程式を満たす[*1]。

$$\nabla \times E = -\frac{\partial B}{\partial t} \tag{12.3}$$

$$\nabla \times H = J \tag{12.4}$$

$$B = \mu H \tag{12.5}$$

$$J = \sigma E \tag{12.6}$$

✍ 電流密度 J は次の微分方程式を満たすことを証明せよ。

$$\nabla^2 J = \sigma\mu \frac{\partial J}{\partial t} \tag{12.7}$$

導体内の電流の密度は一様とならない.微分方程式 (12.7) を解いて,電流分布がどのようになるかを調べてみよう。

> **演習問題 12.2** 厚さが w,幅が十分に大きい導体板があり,長さ方向(z 方向)に電流が流れている。時間変化は角周波数 ω の正弦的変化であるとして,厚さ方向(y 方向)に電流分布はどのように変化するかを調べよ。幅方向(x 方向)には変化しないとする。

電気回路で行うように,すべての電磁界成分を共通項 $e^{j\omega t}$ を暗に含むフェーザで表す。このとき,$\frac{\partial}{\partial t} = j\omega$ として,微分方程式 (12.7) を解く。

```
In[5]:= Clear["Global`*"]
        VectorAnalysis
        SetCoordinates[Cartesian[x,y,z]];
        DSolve[Laplacian[J_z[y]] == i ω σ μ J_z[y],
          J_z[y], y]
```

[*1] 時間変化がさらに早くなると,14 章に説明する変位電流の項が必要になる。

12. 磁気エネルギーと力

$Out[5]=$ `{{`$J_z[y]$ → $e^{(-1)^{1/4} y \sqrt{\mu} \sqrt{\sigma} \sqrt{\omega}}$ `C[1]` +
 $e^{-(-1)^{1/4} y \sqrt{\mu} \sqrt{\sigma} \sqrt{\omega}}$ `C[2]`$\}\}$

$-w < y < w$ の区間で $J_z(y)$ は偶関数であるとする。

$In[6]:=$ `J`$_z$`[y_] = %[[1,1,2]];`
`J`$_z$`[y_] = (J`$_z$`[y] + J`$_z$`[-y])/2 //Simplify`

$Out[6]= \frac{1}{2} e^{-(-1)^{1/4} y \sqrt{\mu} \sqrt{\sigma} \sqrt{\omega}} \left(1 + e^{2(-1)^{1/4} y \sqrt{\mu} \sqrt{\sigma} \sqrt{\omega}}\right)$ `(C[1] + C[2])`

$In[7]:=$ `i`$_z$`[y_] = %/.{(C[1]+C[2]) → C}`

$Out[7]= \frac{1}{2} C\, e^{-(-1)^{1/4} y \sqrt{\mu} \sqrt{\sigma} \sqrt{\omega}} \left(1 + e^{2(-1)^{1/4} y \sqrt{\mu} \sqrt{\sigma} \sqrt{\omega}}\right)$

x 方向の単位長当りの電流を i_0 であるとする。

$In[8]:=$ `Solve[`$\int_{-w}^{w}$`i`$_z$`[y]dy == i`$_0$`, C];`
`cz[y_] = i`$_z$`[y]/.%`

$Out[8]= \{(e^{-(-1)^{1/4} y \sqrt{\mu} \sqrt{\sigma} \sqrt{\omega}} (1 + e^{2(-1)^{1/4} y \sqrt{\mu} \sqrt{\sigma} \sqrt{\omega}})$
$\quad i_0)/(((-1)^{3/4} e^{(-1)^{1/4} w \sqrt{\mu} \sqrt{\sigma} \sqrt{\omega}}$
$\quad\quad (-1 + e^{-2(-1)^{1/4} w \sqrt{\mu} \sqrt{\sigma} \sqrt{\omega}}))/$
$\quad (\sqrt{\mu} \sqrt{\sigma} \sqrt{\omega}) -$
$\quad ((-1)^{3/4} e^{-(-1)^{1/4} w \sqrt{\mu} \sqrt{\sigma} \sqrt{\omega}}$
$\quad\quad (-1 + e^{2(-1)^{1/4} w \sqrt{\mu} \sqrt{\sigma} \sqrt{\omega}}))/$
$\quad (\sqrt{\mu} \sqrt{\sigma} \sqrt{\omega}))\}$

$w = 1$ cm, $\mu = \mu_0$, $\sigma = 0.45 \times 10^8$ S/m として，$f = 50$ Hz に対する電流分布を図示する。

$In[9]:=$ `w = 0.01; i`$_0$` = 1.; μ = 4 π 10`$^{-7}$`; σ = 0.45 10`^{8}`;`
`ω = 2 π 50.;`
`Plot[Abs[cz[y]], {y, -w, w}, PlotRange → All]`

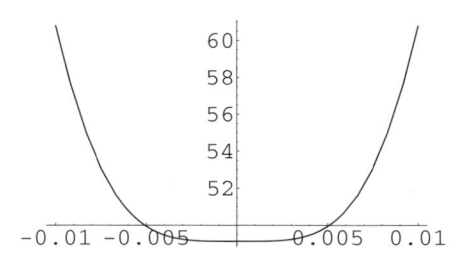

12.2 導体内の電流分布

$f = 10$ kHz に対する電流分布を図示する。

```
In[10]:= ω = 2 π 10^4;
        Plot[Abs[cz[y]], {y, -w, w},
          PlotRange → All]
```

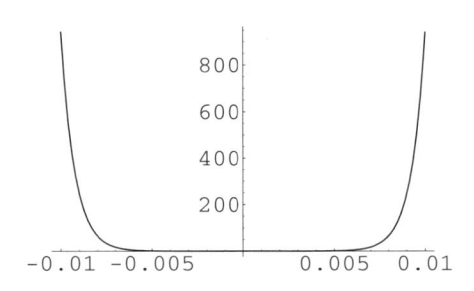

上の例から明らかなように，高周波電流は導体板の表面に集中するようになる。これを**表皮効果**という。表面が最大で，内側に向かって指数関数的に減少する。表面の値の $\dfrac{1}{e}$ となる深さを**表皮の深さ**（skin depth）という。表皮の深さは $d = \dfrac{1}{\sqrt{f\pi\sigma\mu}}$ に等しい。

✍ 表皮の深さが $\dfrac{1}{\sqrt{f\pi\sigma\mu}}$ に等しいことを教科書により理解しておこう。

```
In[11]:= d = Sqrt[2/(ω μ σ)]
        Plot[Abs[cz[y]], {y, w - 3 d, w}, PlotRange → All]
Out[11]= 0.000750264
```

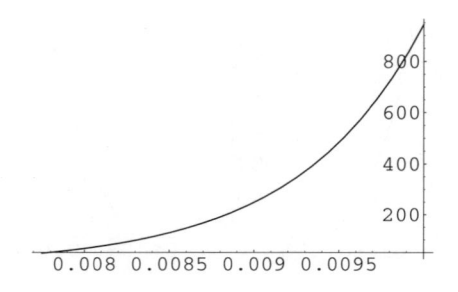

表皮の深さの点で，表面の値の e^{-1} に等しいことを確認する。

```
In[12]:= Abs[cz[w - d] / (cz[w] e^{-1})] - 1.
Out[12]= {1.72746×10^-11}
```

12.3 渦 電 流

磁束密度と電流密度の間の次の関係を式 (12.3), (12.6) から導くことができる。

$$\nabla \times J = -\sigma \frac{\partial B}{\partial t} \tag{12.8}$$

この式は，磁束密度の時間変化があると，電流の回転があることを示している。局部的な磁束密度の時間変化により回転するように流れる電流を**渦電流**という。

微分形の表現 (12.8) はガウスの定理により，次のように積分形で表すことができる。ここに，C は任意の閉路，S は C を縁とする任意の面である。

$$\oint_C J \cdot \hat{i} \, d\ell = \iint_S -\sigma \frac{\partial B}{\partial t} \cdot \hat{n} \, dS \tag{12.9}$$

12.3 渦電流

演習問題 12.3 外部磁界が円筒座標 (ρ, φ, z) により次式で与えられるとする。
$$\boldsymbol{B} = \hat{z}B_0 \exp\left(-\left(\frac{\rho}{a}\right)^2\right)\cos \omega t \tag{12.10}$$
この磁束密度の変化により電流が流れ，この電流はまた2次的な磁束密度をつくる。外部磁束密度は2次磁束密度より十分大きいとして，渦電流を求めよ。そして，磁束密度と渦電流の時間変化をムービープロットして観察せよ。

```
In[13]:= B[ρ_,t_] := B₀ e^(-(ρ/a)²) Cos[ωt]
         J[ρ_,t_] := {0, Jφ[ρ,t], 0}
         Jφ[ρ_,t_] = (∫₀^ρ -σ 2π ρ' ∂_t B[ρ', t] dρ')/(2πρ) //Simplify
```
　　　積分形の渦電流の公式 (12.9) を用いる。

$$Out[13] = \frac{a^2 \left(1 - e^{-\frac{\rho^2}{a^2}}\right) \sigma\omega \sin[t\omega] B_0}{2\rho}$$

```
In[14]:= r[x_,y_] := Max[0.001, √(x²+y²)]
         J[ρ_,p_] = (a² (1 - e^(-ρ²/a²)) σω Sin[p] B₀)/(2ρ)
```
　　　ωt を p とする。
```
         Jx[x_,y_,p_] := -J[r[x,y],p] y / r[x,y]
         Jy[x_,y_,p_] := J[r[x,y],p] x / r[x,y]
         Bz[x_,y_,p_] := B[r[x,y], p/ω]
```

$$Out[14] = \frac{a^2 \left(1 - e^{-\frac{\rho^2}{a^2}}\right) \sigma\omega \sin[p] B_0}{2\rho}$$

```
In[15]:= Animation
 << Graphics`PlotField`     ※4 ※5
 << VectorFiledPlots`       ※6
 << Graphics`Animation`     ※4 ※5
 B₀ = 1/10³ ; ω = 2π50; a = 1; σ = 1/10⁷ ;
 Animate[
   Show[ContourPlot[Bz[x,y,p],{x,-a,a},
      {y,-a,a},ContourLines → False,
      Contours → 30, Frame → False],
    PlotVectorField[{Jx[x,y,p],Jy[x,y,p]},
      {x,-a,a},{y,-a,a}]],{p,0.1,2π}];
```

※6 PlotVectorField を VectorFieldPlot とする。
※7 PlotVectorField を VectorPlot とする。

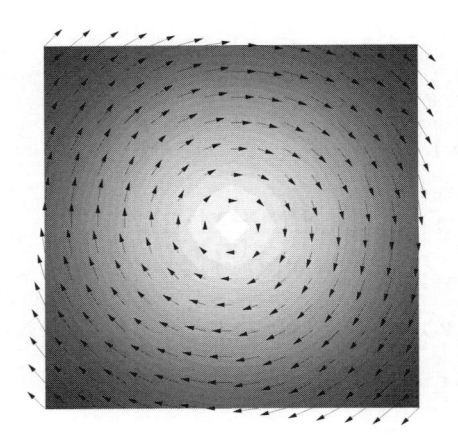

下位バージョンでは多数の図が現れるが，最初の1枚のみを示した。

12.4　ローレンツ力

　電流には磁界からの力が働く。電流は電荷の流れであるので，運動する電荷には磁界からの力が働く。電荷には電界からの力が働くが，運動するとこれに

12.4 ローレンツ力

磁界からの力が加わることになる。点電荷 q が速度 v で動くとき，次の力を受ける。これを**ローレンツ力**という。

$$F = q(E + v \times B) \tag{12.11}$$

質量 m，電荷 q の粒子が静電界 $\hat{x}E_0$ と定常磁界 $\hat{z}B_0$ が共存する空間にあるときの運動を解析しよう。位置ベクトルを $r = \hat{x}x + \hat{y}y + \hat{z}z$ とすると

$$v = \frac{dr}{dt} = \hat{x}\frac{dx}{dt} + \hat{y}\frac{dy}{dt} + \hat{z}\frac{dz}{dt} \tag{12.12}$$

式 (12.11) は次のようになる。

$$m\frac{d^2r}{dt^2} = q\left(\hat{x}E_0 + \frac{dr}{dt} \times \hat{z}B_0\right) \tag{12.13}$$

この連立微分方程式を *MATHEMATICA®* により解いて，粒子の運動の軌跡を描こう。

```
In[16]:= Off[General :: spell1]
         r = {x[t],y[t],z[t]}; e = {Ex,0,0}; b = {0,0,Bz};
         deqn = m ∂_{t,t} r - q(e + Cross[∂_t r, b]);
         equations = {deqn[[1]] == 0, deqn[[2]] == 0,
            deqn[[3]] == 0, x[0] == 0, y[0] == 0, z[0] == 0
            x'[0] == vx0, y'[0] == vy0, z'[0] == 0
            初期値を r={0,0,0}，∂_t r={vx0,vy0,0} とする。
Out[16]= {-q (Ex + Bz y'[t]) + m x''[t] == 0,
         Bz q x'[t] + m y''[t] == 0, m z''[t] == 0,
         x[0] == 0, y[0] == 0, z[0] == 0,
         x'[0] == vx0, y'[0] == vy0, z'[0] == 0}

In[17]:= solutions = DSolve[equations, {x,y,z}, t]
```

```
Out[17]= {{x → Function[{t},
              1/(2 Bz² q) (e^(-iBzqt/m) (-1 + e^(iBzqt/m)) m
              (Ex - e^(iBzqt/m) Ex - i Bz vx0 - i Bz e^(iBzqt/m)
              vx0 + Bz vy0 - Bz e^(iBzqt/m) vy0))],
         y → Function[{t}, 1/(2 Bz² q)
              (e^(-iBzqt/m) (i Ex m - i e^(2iBzqt/m) Ex m -
              2 Bz e^(iBzqt/m) Ex q t + Bz m vx0 -
              2 Bz e^(iBzqt/m) m vx0 + Bz e^(2iBzqt/m) m vx0 +
              i Bz m vy0 - i Bz e^(2iBzqt/m) m vy0))],
         z → Function[{t}, 0]}}
```

$x[t]$ の表示を単純化する。Out[17] から関係部分をコピー&ペーストする。

```
In[18]:= 1/(2 Bz² q)
              (e^(-iBzqt/m) (-1 + e^(iBzqt/m)) m
              (Ex - e^(iBzqt/m) Ex - i Bz vx0 -
              i Bz e^(iBzqt/m) vx0 + Bz vy0 -
              Bz e^(iBzqt/m) vy0))//ComplexExpand//
              Simplify

Out[18]= 1/(Bz² q) (m (Ex + Bz vy0 - (Ex + Bz vy0) Cos[Bz q t / m] +
              Bz vx0 Sin[Bz q t / m]))
```

$y[t]$ の表示を単純化する。Out[17] から関係部分をコピー&ペーストする。

```
In[19]:= 1/(2 Bz² q)
              (e^(-iBzqt/m)
              (i Ex m - i e^(2iBzqt/m) Ex m -
              2 Bz e^(iBzqt/m) Ex q t + Bz m vx0 -
              2 Bz e^(iBzqt/m) m vx0 + Bz e^(2iBzqt/m) m vx0 +
              i Bz m vy0 - i Bz e^(2iBzqt/m) m vy0))//
              ComplexExpand//Simplify

Out[19]= 1/(Bz² q)
              (-Bz (Ex q t + m vx0) + Bz m vx0 Cos[Bz q t / m] +
              m (Ex + Bz vy0) Sin[Bz q t / m])
```

12.4 ローレンツ力

$\omega = \dfrac{B_z q}{m}$, $r = \dfrac{E_x}{\omega B_z}$ とおいて整理すると,

$$x = \left(r + \frac{vy0}{\omega}\right)(1 - \cos \omega t) + \frac{vx0}{\omega} \sin \omega t \tag{12.14}$$

$$y = -r\omega t - \frac{vx0}{\omega}(1 - \cos \omega t) + \left(r + \frac{vy0}{\omega}\right) \sin \omega t \tag{12.15}$$

```
In[20]:= x[t_, vx0_, vy0_] :=
           (r + vy0/ω) (1 - Cos[ω t]) + vx0/ω Sin[ω t];
         y[t_, vx0_, vy0_] := -r ω t - vx0/ω (1 - Cos[ω t]) +
           (r + vy0/ω) Sin[ω t];
```

$r = 1, \omega = 1$ とし $vx0 = vy0 = 0, 2, 4$ の場合の荷電粒子の軌跡を描く．円運動しながら $-y$ 方向に並進（ドリフト）している．初速度がゼロのとき（$vx0 = 0$, $vy0 = 0$ のとき），この曲線はサイクロイド（定直線に沿って円が滑らずに回転するときの円周上の定点の軌跡）となる[*2]．

```
In[21]:= r = 1; ω = 1;
         Table[ParametricPlot[
           {x[t, i, i], y[t, i, i]}, {t, 0, 4 π},
           AspectRatio → Automatic], {i, 0, 4, 2}]
```

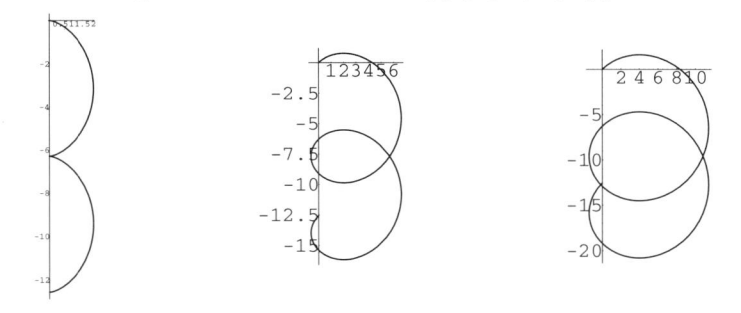

[*2] 便宜上，出力図を横に並べているが，実際には一つずつ出力される．

188   12. 磁気エネルギーと力

vx0 と vy0 をインタラクティブに変えて荷電粒子の軌跡を観察しよう。

```
In[22]:= Manipulate[ParametricPlot[
         {x[t,vx0,vy0],y[t,vx0,vy0]},{t,0,4π}],
         {{vx0,0},-5,5},{{vy0,0},-5,5}]
```

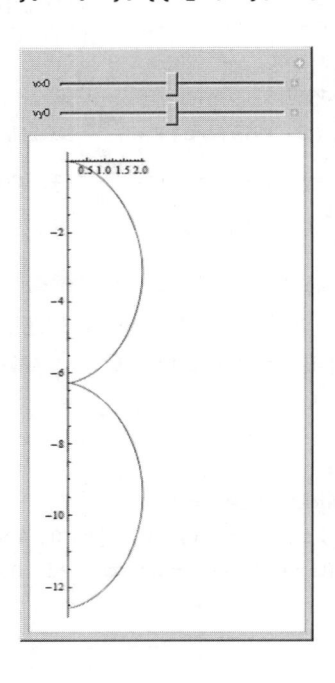

12.5　問題を解こう

演習問題 12.4　半径 1 cm, 長さ 2 cm, 巻き数 100 のコイルに 1 A の電流を流したとき, コイルに蓄えられる磁気エネルギーも計算せよ。

インダクタンスを 10.6 節を参考にして求める。まず近似式 (10.8) から,

$$L_{有限} \approx L'_{無限}\ell = \frac{\mu_0 \pi a^2 N^2}{\ell} \tag{12.16}$$

次に，これを補正する長岡係数を次式により計算する（10.6, Out[12]）。

$$Na[p] = -\frac{4\left((p^2)^{3/2} - (-1+p^2)\,\text{EllipticE}[-p^2] - (1+p^2)\,\text{EllipticK}[-p^2]\right)}{3\,p^2\,\pi}$$

磁気エネルギーは $W_m = \frac{1}{2}LI^2$ から計算する。

```
In[23]:= Na[p_] := -(1/(3 p^2 π))
           (4 ((p^2)^(3/2) - (-1 + p^2) EllipticE[-p^2] -
           (1 + p^2) EllipticK[-p^2]));

In[24]:= Lapprox[a_, len_, n_] := (μ₀ π a^2 n^2)/len
         Lexact[a_, len_, n_] := Lapp[a, len, n] Na[(2 a)/len]
         μ₀ = (4 π)/10^7;
         L = Lexact[0.01, 0.02, 100]
Out[24]= 0.000135889

In[25]:= Wm = (L i^2)/2 /.{i → 1}
Out[25]= 0.0000679446
```

> **演習問題 12.5** 原点にある磁気双極子モーメント $\hat{z}m$ のつくる磁場の中に半径が a の円形回路が置かれ，電流 I が流れている。円形回路の中心の位置を $(0, 0, z)$ とし，円形の面は z 軸に垂直であるとする。この回路が受ける力を，$\hat{z}m$ のつくる磁束密度から回路に鎖交する磁束を Φ として，$\frac{\partial \Phi}{\partial z}I$ により求めよ。

磁気双極子のつくる磁束密度は球座標を用いて次のように与えられる。

$$\boldsymbol{B} = \frac{\mu_0 m}{4\pi r^3}(\hat{r}\,2\cos\theta + \hat{\boldsymbol{\theta}}\sin\theta) \tag{12.17}$$

円形回路に鎖交する磁束は

$$\Phi = \int_0^{\theta_0} B_r \sin\theta\, d\theta \tag{12.18}$$

ここに，$\theta_0 = \arccos\frac{z}{r}$ である。

```
In[26]:= r = √(z² + a²);
         B = μ₀ m {2 Cos[θ], Sin[θ], 0} / (4 π r³);
         Φ = Simplify[ ∫₀^θ₀ B.{1, 0, 0} 2 π r² Sin[θ]dθ /.
              {Cos[θ₀] → z/r}]
         磁束
```
$$Out[26]= \frac{a^2\, m\, \mu_0}{2\,(a^2+z^2)^{3/2}}$$

```
In[27]:= F_z = Simplify[∂_z Φ i]
         力
```
$$Out[27]= -\frac{3\,a^2\,i\,m\,z\,\mu_0}{2\,(a^2+z^2)^{5/2}}$$

力 F_z は負であるので引力が働いている。円形回路の半径も小さく，その円電流を磁気双極子とみなすと，そのモーメントは $\pi a^2 I$ に等しい。改めて m を m_1 と，$\pi a^2 I$ を m_2 と置き，*MATHEMATICA* の最後の結果を書き直すと，引力は次式となる。

$$引力 = \frac{3\mu_0 m_1 m_2}{2\pi r^4} \cos\theta_0 \tag{12.19}$$

13 電気学と磁気学の森

MATHEMATICA
学習項目

♣ E-B 対応，E-H 対応
  ◇ 磁荷，磁位
    ♡ 微小円電流，任意円電流
  ◇ 磁性体境界値問題
♣ 永久磁石
  ◇ 球形磁石，板状磁石

　これまで，電気と磁気をその歴史を追うことにより帰納的に学び，演習をしてきた。しかし，電磁気学の全貌は電気と磁気の結び付きを完全に理解するまでは明らかでない。これは次章まで待つことにして，本章は電気と磁気を比較して，もう一度見直すことによって理解を深めようとするものである。登山でも，ひたすら上に登るのみでなく，ときには下界を見下ろしながら休憩することは英気を養い，より高い山に登るのに有効である。これまでは電気と磁気の木を個々に見てきた。これからは電気と磁気が一体となった森を見て行こうというものである。

13.1　E-B 対応と E-H 対応

　電場に関しては，電荷に働く力を媒介に**電界 E** がまず定義され，つぎに誘電体を扱う際に**分極電荷**を除いた**真電荷**と直結する物理量として**電束密度 D** が定義された。磁場に関しては，電流に働く力を媒介に**磁束密度 B** がまず定義され，つぎに磁性体を扱う際に**分極電流**を除いた**真電流**と直結する物理量として**磁界 H** が定義された。この意味で，電界と磁束密度が対応する。このような

電場と磁場の対応づけを E-B 対応という。

しかし，$D = \varepsilon E$ と $B = \mu H$ の関係を見るまでもなく，数学的には電界と磁界，電束密度と磁束密度を対応づけたほうがよく似た関係式が成り立つことは前章までの内容から理解できるであろう。このような，物理的ではなく数学的な便利さを追求するための対応づけを E-H 対応という。E-H 対応によれば，電場に関する解析の結果が磁場に利用でき，またその逆も可能である。

13.1.1 磁　　荷

電束密度 D と電界 E の関係は**分極** P を用いて次式で表された。

$$D = \varepsilon_0 E + P \tag{13.1}$$

分極 P から次式でその密度が計算される**分極電荷**を用いると，媒質は真空であるとして静電界のすべての量は計算できた。

$$\rho_P = -\nabla \cdot P \tag{13.2}$$

静磁場も同様に考えて，**磁気分極** P_m を定義し，これから**磁荷密度** ρ_m を定義することができる。すなわち

$$B = \mu_0(H + M) = \mu_0 H + P_m \tag{13.3}$$

$$P_m = \mu_0 M \tag{13.4}$$

$$\rho_m = -\nabla \cdot P_m = -\mu_0 \nabla \cdot M \tag{13.5}$$

このように定義した磁荷を用いると，真空中に磁荷があるとして静磁界の計算ができる。磁化された物質の間に働く力は真空中にある磁荷の間のクーロン力として計算することができる。

13.1.2 磁　　位

電場に電位が導入された根拠は，電界 E が保存力の場であること，言い換えると $\nabla \times E = 0$ が成り立つことである。これに対し，磁界の回転はゼロではなく，電流密度に等しい。しかし，電流が存在しない部分空間では磁界の回転はゼロである。そこで，**磁位**を定義して，電流が存在する領域を除いた部分空

13.1 E-B 対応と E-H 対応

間で利用することができる。そして，電位の勾配から電界が求まったように，磁位の勾配から磁界を求めることができる。

〔1〕 微小電流ループによる磁位

電気双極子に対する**電位**（演習問題 2.4）を参考に磁気双極子に対する**磁位**を定義しよう。そして微小円電流は磁気双極子に置き換えられた。こうして，断面積 ΔS の電流ループに電流 I が流れるとき，次のように磁位を求めることができる。

$$U = \frac{I \Delta S \cos\theta}{4\pi r^2} \tag{13.6}$$

ここに，r は微小電流ループから観測点までの距離，θ はループ断面の法線と観測点に至る方向のなす角である。

✐ 教科書によって，式 (13.6) を理解せよ。

式 (13.6) は観測点から電流ループ面を見込む立体角 $\Delta\Omega$ を使ってつぎのように書き直すことができる。

$$U = \frac{I}{4\pi}\Delta\Omega \tag{13.7}$$

> **演習問題 13.1** 微小電流ループによる磁界を磁位を用いて求めよ。そして，式 (8.7) と比較せよ。

```
In[1]:= VectorAnalysis
        SetCoordinates[Spherical[r,θ,φ]];
        U[r_,θ_] := (i ΔS Cos[θ])/(4 π r^2)
        H = -Grad[U[r,θ]]
Out[1]= {(i ΔS Cos[θ])/(2 π r^3), (i ΔS Sin[θ])/(4 π r^3), 0}
```

〔2〕 任意電流ループによる磁位

式 (13.7) を重ね合わせることによって，任意電流ループに対する磁位の立体角によるつぎの表現を求めることができる。

$$U = \frac{I}{4\pi}\Omega \tag{13.8}$$

ここに，Ω は観測点から電流ループを見込む立体角である。

✎ 式 (13.8) を教科書によって理解せよ。

演習問題 13.2 原点を中心に半径 a の円電流 I が xy 面上に置かれている。磁界を求めよ。

```
In[2]:= VectorAnalysis
        SetCoordinates[Cylindrical[ρ, φ, z]];
        U[ρ_, z_] := (i π a² z)/(4 π (ρ² + z²)^(3/2))
        H = -Grad[U[ρ, z]]//Simplify
Out[2]= { (3 a² i z ρ)/(4 (z² + ρ²)^(5/2)), 0, (a² i (2 z² - ρ²))/(4 (z² + ρ²)^(5/2)) }
```

13.1.3 磁性体境界値問題

E-H 対応が便利に適用される他の一つの例が，磁性体を含む境界値問題である。等価な誘電体を含む境界値問題の解を参考に解くことができる。

図 13.1 に示すような，一様磁界 H_1 の中に透磁率 μ_2 の磁性体球が置かれた場合を考えよう。この問題は 5.4.2 項を参考として，磁性体球の外部と内部をそれぞれ図 13.2 と図 13.3 に置き換えて解くことができる。図 13.2 においては内部も外部と同じ媒質（透磁率 μ_1）に置き換え，磁性体球の中心に一様磁界 H_1 と同じ向きの磁気双極子 $Q_m\delta$ を置く。図 13.3 においては外部も内部と同じ媒質（透磁率 μ_2）に置き換え，一様磁界 H_2 があるとする。このとき，$Q_m\delta$ と H_2 を以下のようにすると，磁性体球の表面 ($r = a$) における境界条件を満足させられる。

13.1 E-B 対応と E-H 対応

$$\frac{Q_m \delta}{4\pi\mu_1} = a^3 \frac{\mu_2 - \mu_1}{2\mu_1 + \mu_2} H_1 \tag{13.9}$$

$$H_2 = \frac{3\mu_1}{2\mu_1 + \mu_2} H_1 \tag{13.10}$$

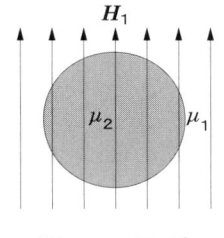

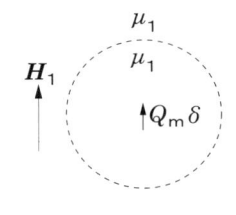

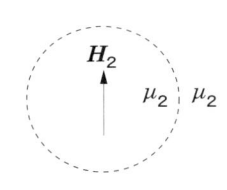

図 **13.1**: 原 系　　図 **13.2**: 球外置換　　図 **13.3**: 球内置換

磁性体球外の磁界は，まず一様磁界の向きを z 軸とする球座標で求め，次に MATHEMATICA® で作図しやすいように z 軸を y 軸に変え，それと直交する向きを x 軸として求めると次のようになる。

$$\boldsymbol{H} = \hat{\boldsymbol{r}}\left(H_1 \cos\theta + \frac{2Q_m \delta \cos\theta}{4\pi\mu_1 r^3}\right) + \hat{\boldsymbol{\theta}}\left(-H_1 \sin\theta + \frac{Q_m \delta \sin\theta}{4\pi\mu_1 r^3}\right) \tag{13.11}$$

$$\boldsymbol{H} = \hat{\boldsymbol{x}}\left(H_r \sin\theta + H_\theta \cos\theta\right) + \hat{\boldsymbol{y}}\left(H_r \cos\theta - H_\theta \sin\theta\right) \tag{13.12}$$

✍ 式 (13.9) と式 (13.10) を導け。

演習問題 13.3 式 (13.11) と式 (13.12) を用いて，MATHEMATICA® により透磁率の比が 10, 1, 0.1 の場合の磁力線を描け。

`FieldLines`

```
In[3]:= << "ExtendGraphics`FieldLines`"
        spr = Circle[{0, 0}, 1];
          a=1 としている。
        r[x_, y_] = Max[0.001, √(x^2 + y^2)];
        s[x_, y_] = x/r[x, y]; c[x_, y_] = y/r[x, y];
          Sin φ と Cos φ。
        ht[x_, y_] :=
          If[x^2 + y^2 > 1, -h1 + nqmd/r[x, y]^3, -h2] s[x, y];
        hr[x_, y_] :=
          If[x^2 + y^2 > 1, h1 + 2 nqmd/r[x, y]^3, h2] c[x, y];
        hx = ht[x, y] c[x, y] + hr[x, y] s[x, y];
        hy = -ht[x, y] s[x, y] + hr[x, y] c[x, y];

In[4]:= draw[m_] := Module[{hline}, h1 = 1;
          m は透磁率の比
          nqmd = (m - 1) h1/(m + 2); h2 = 3 h1/(2 + m);
          hline =
            Table[FieldLine[{x, hx, 0.1 (2 i - 16)},
              {y, hy, -1.5}, {t, 20}], {i, 15}];
          gr = Graphics[{hline, spr},
            AspectRatio -> Automatic,
            PlotRange -> {{-1.5, 1.5}, {-1.5, 1.5}},
            DisplayFunction -> Identity];
          Return[gr]];
          磁力線のグラフィックオブジェクトを得るための関数

In[5]:= g10 = draw[10.]; g1 = draw[1.];
        g01 = draw[0.1];
        Show[GraphicsArray[{g10, g1, g01}],
          DisplayFunction -> $DisplayFunction]
```

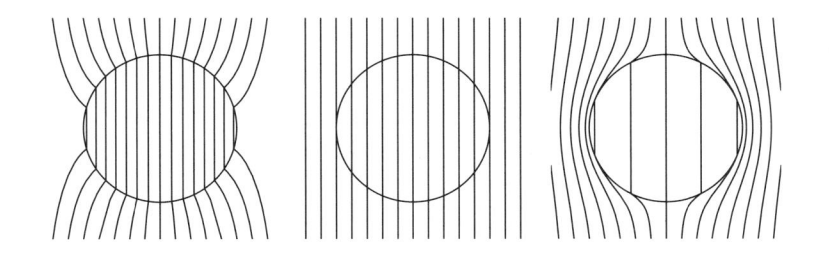

13.2 永久磁石

永久磁石は自発磁化をもつ磁性体である。すなわち，外部の源による磁界により磁化されるのではなく，外部磁界に独立な磁化をもつ。磁化は一様であると仮定して，磁化電流と磁荷を磁石表面で求め，これらから磁束密度と磁界をそれぞれ求めてみよう。

13.2.1 球形磁石

図 **13.4** に示すような球形の磁石を考える。磁石は z 方向に一様に磁化され，$\hat{z}M$ をもつ。磁石内外の磁界と磁束密度を求めることは簡単ではないが，次の仮定に基づいて境界値問題を解くと，結果として正しい答えが得られる。

(1) 磁石内の磁界と磁束密度は磁化（$\hat{z}M$）と同様に一様で z 成分のみをもつ。すなわち
$$\boldsymbol{H}^i = H^i \hat{z}, \quad \boldsymbol{B}^i = B^i \hat{z} \tag{13.13}$$

(2) 磁石外の磁界と磁束密度は，球形磁石の中心（原点）に磁気双極子 m があるとして求められる。磁気双極子による磁界と磁束密度は電気双極子のつくる電界と電束密度から E-H 対応により得られる。**演習問題 2.4** の結果を参照して
$$\boldsymbol{H}^e = \frac{m}{4\pi r^3}(\hat{r} 2\cos\theta + \hat{\theta}\sin\theta), \quad \boldsymbol{B}^e = \frac{\mu_0 m}{4\pi r^3}(\hat{r} 2\cos\theta + \hat{\theta}\sin\theta) \tag{13.14}$$

磁石内外の磁界と磁束密度に境界条件 (11.8) と (11.9) を課して解くと，$m = \dfrac{4\pi a^3}{3} M$, $H^i = -\dfrac{M}{3}$, $B^i = \dfrac{2\mu_0 M}{3}$ となる。

198   13. 電気学と磁気学の森

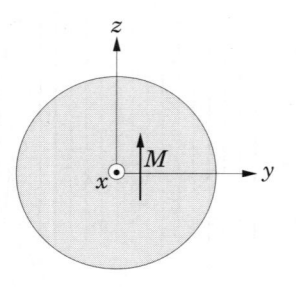

図 **13.4**: 球　形　磁　石

演習問題 *13.4* z軸方向に向いた一様な磁化をもつとき，磁石内外の磁界と磁束密度を求め，それぞれの力線を描け．

FieldLines

```
In[6]:= << "ExtendGraphics`FieldLines`"
        Off[General :: "spell1"]
        r[x_, y_] := √(x² + y²);
        bx = If[r[x, y] < 1, 0., (x y)/(r[x, y]^5)];
        by = If[r[x, y] < 1, 2./3., (2 y² - x²)/(3 r[x, y]^5)];
        line1 =
          Table[FieldLine[{x, bx, -1 + 0.1 i}, {y, by, 0},
             {t, 7}], {i, 1, 19, 2}];
        line2 =
          Table[FieldLine[{x, -bx, -1 + 0.1 i}, {y, -by, 0},
             {t, 7}], {i, 1, 19, 2}];
        jshk = Graphics[Circle[{0, 0}, 1]];
        Show[{jshk, Graphics[{line1, line2}]},
             AspectRatio → Automatic]
```

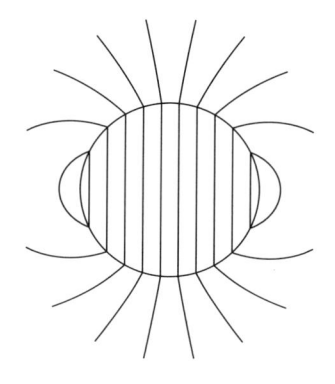

13.2.2 板状磁石

演習問題 13.5 断面を図 13.5に示すような板状の磁石が，x 軸方向に向いた一様な磁化をもつとき，磁石内外の磁界と磁束密度を求め，それぞれの力線を描け。

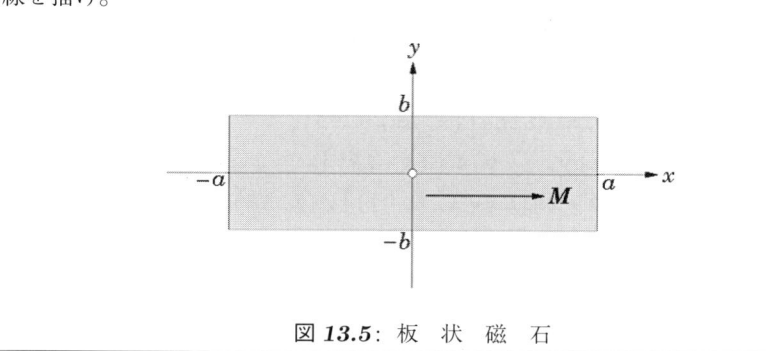

図 13.5: 板状磁石

磁界と磁束密度を求めることの詳細は教科書を見ることにして，以下に MATHEMATICA® により力線を描く。

✍ 磁石内外の磁界と磁束密度の求め方を教科書により理解しておこう。

`FieldLines`

```
In[7]:= << "ExtendGraphics`FieldLines`"

In[8]:= jshk = Graphics[Line[{{-1,-0.4},{-1,0.4},
            {1,0.4},{1,-0.4},{-1,-0.4}}]];
```
板状磁石の境界線
```
        bx = ArcTan[(x-1)/(y-0.4)] - ArcTan[(x+1)/(y-0.4)] -
             ArcTan[(x-1)/(y+0.4)] + ArcTan[(x+1)/(y+0.4)];
        bhy =
          1/2 (Log[(x+1)^2 + (y-0.4)^2] +
             Log[(x-1)^2 + (y+0.4)^2] - Log[(x-1)^2 + (y-0.4)^2] -
             Log[(x+1)^2 + (y+0.4)^2]);
        hx = If[x^2 < 1&&y^2 < 0.16, -2π + ArcTan[(x-1)/(y-0.4)] -
             ArcTan[(x+1)/(y-0.4)] - ArcTan[(x-1)/(y+0.4)] +
             ArcTan[(x+1)/(y+0.4)], ArcTan[(x-1)/(y-0.4)] -
             ArcTan[(x+1)/(y-0.4)] - ArcTan[(x-1)/(y+0.4)] +
             ArcTan[(x+1)/(y+0.4)]];

In[9]:= gr1 = Graphics[
            Table[FieldLine[{x, hx, 0.99},
              {y, bhy, 1/18 0.4 (2 i - 19)},
              {t, 1 + If[i == 1, 1, 0]}], {i, 18}]];
```
x=1 の端面から内部に向かう磁界の力線
```
        gr2 = Graphics[
            Table[FieldLine[{x, bx, 1.},
              {y, bhy, 1/18 0.4 (2 i - 19)}, {t, 3}], {i, 18}]];
```
x=1 の端面から外部に向かう磁界の力線
```
        gr3 = Graphics[
            Table[FieldLine[{x, -hx, -0.99},
              {y, -bhy, 1/18 0.4 (2 i - 19)},
              {t, 1 + If[i == 18, 1, 0]}], {i, 18}]];
```
x=-1 の端面から内部に向かう磁界の力線

13.2 永久磁石   201

```
In[10]:= gr4 = Graphics[
           Table[FieldLine[{x, -bx, -1.},
             {y, -bhy, 1/18 0.4 (2 i - 19)}, {t, 3}], {i, 18}]];
```
　　x=-1 の端面から外部に向かう磁界の力線

```
In[11]:= gh = Show[{gr1, gr2, gr3, gr4, jshk},
           AspectRatio → Automatic, Axes → False,
           PlotRange → {{-2, 2}, {-1.5, 1.5}},
           DisplayFunction → Identity];
```

```
In[12]:= gr5 = Graphics[
           Table[FieldLine[{x, bx, -0.99},
             {y, bhy, 1/18 0.4 (2 i - 19)},
             {t, 0.5}], {i, 18}]];
```
　　x=-1 の端面から内部に向かう磁束密度の力線
```
         gr6 = Graphics[
           Table[FieldLine[{x, bx, 1},
             {y, bhy, 1/18 0.4 (2 i - 19)},
             {t, 5}], {i, 18}]];
```
　　x=1 の端面から外部に向かう磁束密度の力線
```
         gr7 = Graphics[
           Table[FieldLine[{x, -bx, -1},
             {y, -bhy, 1/18 0.4 (2 i - 19)},
             {t, 5}], {i, 18}]];
```
　　x=-1 の端面から外部に向かう磁束密度の力線

```
In[13]:= xss = {0.4, 0.65, 0.82, 0.92, 0.97};
         gr8 = Graphics[
           Table[FieldLine[{x, bx, xss[[i]]},
             {y, bhy, 0.41}, {t, 3.}], {i, 5}]];
```
　　y=0.4 の端面から出る磁束密度の力線
```
         gr9 = Graphics[
           Table[FieldLine[{x, -bx, -xss[[i]]},
             {y, -bhy, -0.41}, {t, 3.}], {i, 5}]];
```
　　y=-0.4 の端面から出る磁束密度の力線

202　　13.　電気学と磁気学の森

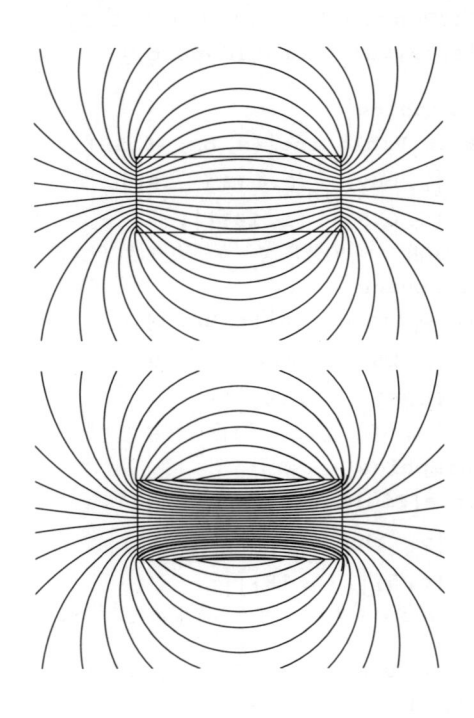

```
In[14]:= gb = Show[{gr5, gr6, gr7, gr8, gr9, jshk},
         AspectRatio → Automatic, Axes → False,
         PlotRange → {{-2, 2}, {-1.5, 1.5}},
         DisplayFunction → Identity];

In[15]:= Show[GraphicsArray[{{gh}, {gb}},
         DisplayFunction → $DisplayFunction]]
```

14 電磁波

MATHEMATICA 学習項目

- ♣ 変位電流とマクスウェル方程式
- ♣ 自由空間中の電磁界
  - ◊ 波動方程式と電磁波
  - ◊ ヘルムホルツ方程式
- ♣ 微小ダイポールからの放射
- ♣ ヘルムホルツ方程式の変数分離解

14.1 マクスウェル方程式

電磁界を律する微分方程式は**マクスウェル方程式**である。角周波数 ω の調和振動電磁界を複素表現すると，真空中でマクスウェル方程式は次のように表される。

$$\nabla \times \boldsymbol{E} + j\omega\mu_0 \boldsymbol{H} = 0 \tag{14.1}$$

$$\nabla \times \boldsymbol{H} - j\omega\varepsilon_0 \boldsymbol{E} = \boldsymbol{J} \tag{14.2}$$

式 (14.1) はファラデーの電磁誘導の法則を微分形式に表したものである。式 (14.2) はアンペアの周回積分の法則を微分形式に表したものであるが，磁界をつくる電流として**変位電流**を加えて導かれる。回路の導線には**伝導電流**が流れるが，回路のコンデンサにも交流電流が流れることを考えると納得がいく。コンデンサの極板間の空間には電界の時間変化率に比例した電流が流れていると考えると電流連続が回路全体で成り立つ。任意の回路を取り巻く空間すべての

14. 電磁波

点で次の密度の電流が流れていると考える。これを**変位電流密度**という。

$$J_d = \frac{\partial}{\partial t}(\varepsilon_0 E) \tag{14.3}$$

> **演習問題** *14.1* マクスウェル方程式 (14.1) を磁界について解き，電界により表せ。次に，マクスウェル方程式 (14.2) を電界について解き，磁界と電流により表せ。

```
In[1]:= Clear["Global`*"]
        VectorAnalysis
        SetCoordinates[Cartesian[x,y,z]];
        e = {ex[x,y,z],ey[x,y,z],ez[x,y,z]};
          電界
        h = {hx[x,y,z],hy[x,y,z],hz[x,y,z]};
          磁界
        j = {jx[x,y,z],jy[x,y,z],jz[x,y,z]};
          電流密度
        meqns = {Curl[e] + i ω μ h == j,
                 Curl[h] - i ω ε e == 0};
          マクスウェル方程式

In[2]:= Solve[meqns, e, h]

Out[2]= {{ex[x, y, z] →
            i hy^(0,0,1)[x, y, z] - hz^(0,1,0)[x, y, z])
            ─────────────────────────────────────────────,
                              ε ω
          ey[x, y, z] →
            i (-hx^(0,0,1)[x, y, z] + hz^(1,0,0)[x, y, z])
            ──────────────────────────────────────────────,
                              ε ω
          ez[x, y, z] →
            i (hx^(0,1,0)[x, y, z] - hy^(1,0,0)[x, y, z])
            ─────────────────────────────────────────────}}
                              ε ω

In[3]:= Solve[meqns, h, e]
```

14.1 マクスウェル方程式

$Out[3]= \{\{hx[x, y, z] \to$
$\qquad -\dfrac{1}{\mu\omega}(\mathrm{i}\,(jx[x, y, z] + ey^{(0,0,1)}[x, y, z] -$
$\qquad\qquad ez^{(0,1,0)}[x, y, z]))$,
$\quad hy[x, y, z] \to$
$\qquad -\dfrac{1}{\mu\omega}(\mathrm{i}\,(jy[x, y, z] - ex^{(0,0,1)}[x, y, z] +$
$\qquad\qquad ez^{(1,0,0)}[x, y, z]))$,
$\quad hz[x, y, z] \to$
$\qquad -\dfrac{1}{\mu\omega}(\mathrm{i}\,(jz[x, y, z] + ex^{(0,1,0)}[x, y, z] -$
$\qquad\qquad ey^{(1,0,0)}[x, y, z]))\}\}$

なお，MATHEMATICA® の関数 **Solve** を調べると，つぎのように説明される．上の演習ではこの **Solve** の機能を用いている．

$In[4]:=$ **?Solve**

Solve[eqns,vars] は，変数 vars に関する方程式や，連立方程式の解を求める．Solve[eqns,vars,elims] は，変数 elims を消去することで vars に関する方程式の解を求める．詳細

演習問題 14.2 次のベクトル解析の恒等式が，直角座標，円筒座標，球座標のそれぞれにおいて成り立つことを確かめよ．ここに，A は微分可能な任意のベクトルである．この恒等式は，自由空間中を調和振動する電界と磁界の基本式をマクスウェル方程式から導くときに用いられる（演習問題前 2.5 の三つの座標系への一般化）．

$$\nabla \times \nabla \times A = -\nabla^2 A + \nabla\nabla \cdot A \tag{14.4}$$

$In[5]:=$ **VectorAnalysis**
$\qquad$ **SetCoordinates[Cartesian[x,y,z]];**
$\qquad$ **e = {ex[x,y,z], ey[x,y,z], ez[x,y,z]};**
$\qquad$ **Curl[Curl[e]] + Laplacian[e] - Grad[Div[e]]**
$Out[5]= \{0,0,0\}$

```
In[6]:= SetCoordinates[Cylindrical[ρ,φ,z]];
        e = {er[ρ,φ,z],ep[ρ,φ,z],
             ez[ρ,φ,z]};
        Curl[Curl[e]] + Laplacian[e] - Grad[Div[e]]
Out[6]= {0,0,0}

In[7]:= SetCoordinates[Spherical[r,θ,φ]];
        e = {er[r,θ,φ],et[r,θ,φ],
             ep[r,θ,φ]};
        Curl[Curl[e]] + Laplacian[e] - Grad[Div[e]]
Out[7]= {0,0,0}
```

14.2 ヘルムホルツ方程式

上の演習問題で確かめた恒等式により，自由空間中を調和振動する電界と磁界は次の基本式を満たす．これを**ヘルムホルツ方程式**という．

$$\nabla^2 E + k^2 E = 0$$

$$\nabla^2 H + k^2 H = 0$$

$$k^2 = \omega^2 \varepsilon_0 \mu_0 \tag{14.5}$$

✐ ヘルムホルツ方程式を導け．

💡 自由空間中では $\nabla \cdot E = 0$, $\nabla \cdot H = 0$ が成り立つことを用いる．

演習問題 14.3 ヘルムホルツ方程式は $k = 0$ のとき（時間変化がないとき，すなわち電界が静電界，磁界が静磁界であるとき）ラプラスの方程式となる．ヘルムホルツ方程式はラプラスの方程式と同様に，**変数分離の方法**が便利に適用される．これを，MATHEMATICA® により行え．

```
In[8]:= Clear["Global`*"];
        VectorAnalysis
        SetCoordinates[Cartesian[x,y,z]];
        A[x_,y_,z_]:=X[x] Y[y] Z[z];
        Simplify[Laplacian[A[x,y,z]]/A[x,y,z] + k^2]
Out[8]= k^2 + X''[x]/X[x] + Y''[y]/Y[y] + Z''[z]/Z[z]

In[9]:= DSolve[X''[x]/X[x] + p^2 == 0, X[x], x]
        DSolve[Y''[y]/Y[y] + q^2 == 0, Y[y], y]
        DSolve[Z''[z]/Z[z] + r^2 == 0, Z[z], z]
Out[9]= {{X[x] → C[1] Cos[p x] + C[2] Sin[p x]}}
Out[9]= {{Y[y] → C[1] Cos[q y] + C[2] Sin[q y]}}
Out[9]= {{Z[z] → C[1] Cos[r z] + C[2] Sin[r z]}}
```

14.3 平　面　波

ヘルムホルツ方程式の直角座標における変数分離解から次の形の電磁界が存在することがわかる。

$$E = E_0 e^{-j\boldsymbol{k}\cdot\boldsymbol{r}} = E_0 e^{-j(px+qy+rz)}$$

$$H = H_0 e^{-j\boldsymbol{k}\cdot\boldsymbol{r}} = E_0 e^{-j(px+qy+rz)}$$

$$\boldsymbol{k} = \{p, q, r\}, \quad \boldsymbol{r} = \{x, y, z\} \tag{14.6}$$

✎ 電界と磁界が式 (14.6) の指数関数に従って変化するとき，ベクトル微分演算子ナブラは次のベクトルと同じ作用をすることを証明せよ。

$$\nabla = -j\boldsymbol{k} \tag{14.7}$$

14. 電磁波

✍ 式 (14.6) が自由空間における電界と磁界を表すとき，次式の関係が成り立つことを導け．

$$\boldsymbol{k} \cdot \boldsymbol{E}_0 = 0, \qquad \boldsymbol{k} \cdot \boldsymbol{H}_0 = 0$$

$$\boldsymbol{E}_0 = \eta_0 \hat{\boldsymbol{k}} \times \boldsymbol{H}_0, \qquad \boldsymbol{H}_0 = -\frac{1}{\eta_0}\hat{\boldsymbol{k}} \times \boldsymbol{E}_0$$

$$k = \sqrt{p^2+q^2+r^2} = \omega\sqrt{\mu_0 \varepsilon_0}, \quad \hat{\boldsymbol{k}} = \frac{\boldsymbol{k}}{k}, \quad \eta_0 = \sqrt{\frac{\mu_0}{\varepsilon_0}} \qquad (14.8)$$

式 (14.6) の表す電磁界は位相が $\boldsymbol{k}$ に垂直な面内で一定である．このような電界，磁界をもつ電磁波を**平面波**という．この平面波は $\boldsymbol{k}$ の方向に伝搬し，電界と磁界は $\boldsymbol{k}$ と直交する横波であり，電界と磁界はたがいに直交している．電界と磁界の比：η_0 を自由空間の**固有インピーダンス**という．$|\boldsymbol{k}|$ は平面波の進行に伴う単位長当りの位相変化に等しく，**波数**と呼ぶ．

> **演習問題 14.4** 平面波の時間的，空間的変化を調べよう．簡単化のために $k = 1$ とし，伝搬方向を $\hat{\boldsymbol{k}} = \{p, q, r\} = \{\sin\theta\cos\varphi, \sin\theta\sin\varphi, \cos\theta\}$ として，$z = 0$ の面内の電磁界の振幅がゼロとなる点の軌跡が時間と共に移動する模様をアニメーションで見てみよう．

```
In[10]:= k = {p, q, r}; R[x_, y_, z_] = {x, y, z};
         a[x_, y_, z_, ωt_] =
           Re[e^{I(ωt - k.R[x, y, z])}]//
             ComplexExpand
Out[10]= {Cos[q y + r z + p x - ωt]}

In[11]:= p = Sin[θ] Cos[φ]; q = Sin[θ] Sin[φ];
         r = Cos[θ];

         θ = π/2; φ = π/6;
         伝搬方向角
         a[x, y, z, ωt]
Out[11]= { Cos[ √3 x / 2 + y/2 - ωt ] }
```

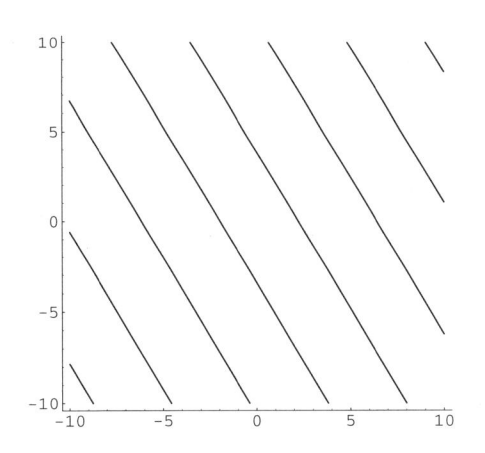

```
In[12]:=  <<Graphics`ImplicitPlot`
          <<Graphics`Animation`
          Animate[ImplicitPlot[a[x,y,0,ωt] == 0,
              {x,-10,10},{y,-10,10}],{ωt,0,2Pi}];
          Animate[ContourPlot[a[x,y,0,ωt] == 0,
              {x,-10,10},{y,-10,10}],{ωt,0,2Pi}];
```

☞ 伝搬方向角：θ, φ を変えて実行してみよ。

14.4 微小ダイポールからの放射

電磁波はマクスウェル方程式 (14.2) の右辺の電流 J から放射され，空間を伝搬していく。前節で扱った平面波はこの波源から遠く離れた位置に存在する電磁波の分布形態である。本節では，波源を含むマクスウェル方程式から電磁波がどのように求められるかを復習し，波源から電磁波が放射される模様をビジュアルに描いてみよう。

球座標系 (r, θ, φ) の原点に長さ ℓ にわたり z 軸方向に電流 I（実効値〔A〕）が流れているとし，電流の時間変化は $e^{j\omega t}$ の調和振動であるとする。長さ ℓ が

波長に比べて十分小さいとき，このような電流波源を**微小ダイポール**という。このとき，放射される電界の複素表現は次のようになる。

$$\boldsymbol{E} = \hat{\boldsymbol{r}}E_r + \hat{\boldsymbol{\theta}}E_\theta \tag{14.9}$$

$$E_r = \eta_0 \frac{k_0^2 I\ell e^{-jk_0 r}}{2\pi} \left\{ \frac{1}{(k_0 r)^2} - \frac{j}{(k_0 r)^3} \right\} \cos\theta \tag{14.10}$$

$$E_\theta = \eta_0 \frac{k_0^2 I\ell e^{-jk_0 r}}{4\pi} \left\{ \frac{j}{k_0 r} + \frac{1}{(k_0 r)^2} - \frac{j}{(k_0 r)^3} \right\} \sin\theta \tag{14.11}$$

$$k_0 = \omega\sqrt{\mu_0 \varepsilon_0} \tag{14.12}$$

$$\eta_0 = \sqrt{\frac{\mu_0}{\varepsilon_0}} \tag{14.13}$$

これから電界の瞬時値表現 $e_r(r, \theta, t)$ と $e_\theta(r, \theta, t)$ を求め，電気力線の微分方程式

$$\frac{dr}{e_r} = \frac{r d\theta}{e_\theta} \tag{14.14}$$

を積分すると次の電気力線の方程式が得られる。

$$\left\{ \cos(\omega t - k_0 r) + \frac{1}{k_0 r} \sin(\omega t - k_0 r) \right\} \sin^2\theta = 定数 \tag{14.15}$$

演習問題 14.5 微小ダイポールからの放射の動画をつくってみよう。

$In[13]:=$ `Animation`

```
r[x_, y_] := √(x² + y²);
Table[ContourPlot[
   Abs[Cos[tπ/24 - r[x,y]] + sin[tπ/24 - r[x,y]]/r[x,y]] x²
   ─────────────────────────────────────────────────
                      r[x,y]²                          ,
   {x, -2π, 2π}, {y, -2π, 2π},
   AspectRatio → Automatic,
   ContourShading → False, Frame → False,
   PlotPoints → 90], {t, 0, 24}];
```

半周期を **24** 分割して方程式 (14.15) をポーラープロットする。

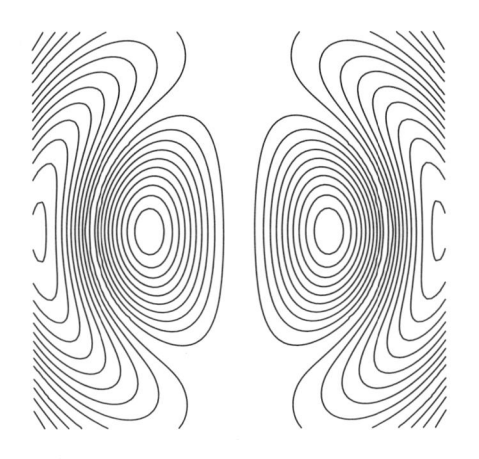

🌸🌸 `In[14]` の `Table[...` を `Animate[...` に変更する。

14.5 問題を解こう

> **演習問題 14.6** 角周波数 ω で調和振動している電流の密度が $\boldsymbol{J} = J_0\,\hat{\boldsymbol{x}}\,\cos k_x x\,\cos k_y y$ で与えられるとき，空間の電荷密度の瞬時値表現 $\rho(x,y,t)$ を求めよ。

```
In[14]:= VectorAnalysis
         SetCoordinates[Cartesian[x,y,z]];
         J[x_,y_,t_] =
           {J₀ Cos[α x] Cos[β y] Cos[ω t], 0, 0};
         電流密度
         Simplify[
           DSolve[Div[J[x,y,t]] + ∂ₜρ[x,y,t] == 0,
             ρ[x,y,t],t]]
         電荷密度。連続の方程式 (1.1) から求める。

Out[14]= {{ρ[x,y,t] →
            C[1] + α Cos[y β] Sin[x α] Sin[t ω] J₀
                   ─────────────────────────────────
                                  ω                  }}
```

14. 電磁波

演習問題 14.7 位相定数ベクトル k をもつ平面波に対してベクトル微分演算子 ∇ は $-jk$ に置き換えられた（式 (14.7)）。MATHEMATICA® により次の関係式が成り立つことを確かめよ。

$$\nabla V_0 e^{j(\omega t - k \cdot r)} = -jk V_0 e^{j(\omega t - k \cdot r)} \tag{14.16}$$

$$\nabla \cdot A_0 e^{j(\omega t - k \cdot r)} = -jk \cdot A_0 e^{j(\omega t - k \cdot r)} \tag{14.17}$$

$$\nabla \times A_0 e^{j(\omega t - k \cdot r)} = -jk \times A_0 e^{j(\omega t - k \cdot r)} \tag{14.18}$$

```
In[15]:= VectorAnalysis
         SetCoordinates[Cartesian[x, y, z]];
         k = {k1, k2, k3}; r = {x, y, z};
         f[x_, y_, z_, t_] = e^(i (ω t - k.r));
         Simplify[Grad[V₀ f[x, y, z, t]] +
            i k V₀ f[x, y, z, t]]
Out[15]= {0, 0, 0}

In[16]:= A₀ = {A₁, A₂, A₃};
         Simplify[Div[A₀ f[x, y, z, t]] +
            DotProduct[i k, A₀ f[x, y, z, t]]]
Out[16]= 0

In[17]:= Curl[A₀ f[x, y, z, t]] +
         CrossProduct[i k, A₀ f[x, y, z, t]]
Out[17]= {0, 0, 0}
```

演習問題 14.8 円筒座標 (ρ, φ, z) によるベクトル関数 $\hat{z} f(\rho, \varphi, z)$ がヘルムホルツ方程式を満たすとき，$f = R(\rho) \Phi(\varphi) Z(z)$ と変数分離して，R, Φ, Z が満たす方程式と解を求めよ。

```
In[18]:= Clear["Global`*"]
         VectorAnalysis
         SetCoordinates[
            Cylindrical[ρ, φ, z]]
Out[18]= Cylindrical[ρ, φ, z]
```

14.5 問題を解こう

$In[19]:=$ `f[ρ_, φ_, z_] := R[ρ] P[φ] Z[z];`
$\qquad$ `Expand[Laplacian[f[ρ, φ, z]] / V[ρ, φ, z] + k²]`

$Out[19]=$ $k^2 + \dfrac{R'[\rho]}{\rho\, R[\rho]} + \dfrac{P''[\varphi]}{\rho^2\, P[\varphi]} + \dfrac{R''[\rho]}{R[\rho]} + \dfrac{Z''[z]}{Z[z]}$

$In[20]:=$ `%/.{k² + Z''[z]/Z[z] → h²}`
$\qquad$ z のみを含む項を定数とおく．

$Out[20]=$ $h^2 + \dfrac{R'[\rho]}{\rho\, R[\rho]} + \dfrac{P''[\varphi]}{\rho^2\, P[\varphi]} + \dfrac{R''[\rho]}{R[\rho]}$

$In[21]:=$ `% ρ² //Expand`

$Out[21]=$ $h^2 \rho^2 + \dfrac{\rho\, R'[\rho]}{R[\rho]} + \dfrac{P''[\varphi]}{P[\varphi]} + \dfrac{\rho^2\, R''[\rho]}{R[\rho]}$

$In[22]:=$ `%/. P''[φ]/P[φ] → -n²`
$\qquad$ φ のみを含む項を定数とおく．
$\qquad$ φ に関して周期的とするために $-n^2$（n は整数）とする．

$Out[22]=$ $-n^2 + h^2 \rho^2 + \dfrac{\rho\, R'[\rho]}{R[\rho]} + \dfrac{\rho^2\, R''[\rho]}{R[\rho]}$

$In[23]:=$ `Expand[% R[ρ]/ρ²]`

$Out[23]=$ $h^2\, R[\rho] - \dfrac{n^2\, R[\rho]}{\rho^2} + \dfrac{R'[\rho]}{\rho} + R''[\rho]$

$In[24]:=$ `DSolve[% == 0, R[ρ], ρ]`

$Out[24]=$ `{{R[ρ] → BesselJ[n, h ρ] C[1] + BesselY[n, h ρ] C[2]}}`

$In[25]:=$ `?BesselJ`

$\quad$ `BesselJ[n, z]` は，第1種ベッセル関数 $J(n, z)$ を与える． 詳細

$In[26]:=$ `?BesselY`

$\quad$ `BesselY[n, z]` は，第2種ベッセル関数 $Y(n, z)$ を与える． 詳細

索引

【記号】

;	3
?	3
*	3
%	3, 48, 110
(* *)	3, 8
>>	4, 8, 9
<<	6
??	9
:=	10
/@	15, 86
%%	48
//	48
/.	50, 136
==	50
&&	97, 99
||	99
[[ ]]	110

【A】

Abs	39, 181
All	42
Animate	6
Animation	6
AppendTo	121
ArcTan	52, 200
Arrow	13
AspectRatio	13, 38, 56
Assumptions	31
Automatic	13, 38
Axes	56
AxesLabel	39, 67

【B】

BesselJ	79, 213
BesselY	79, 213
Boxed	20

【C】

Cartesian	23
cartesian coordinates	19
CartesianMap	7
Circle	196
Clear	8
ComplexExpand	69, 89, 186
ComplexMap	90
ContourPlot	52
Contours	70
ContourShading	52, 70
ContourStyle	52
CoordinateRanges	23
CoordinatesToCartesian	24
CoorinatesFromCartesian	24
Cos	13
Cross	176, 185
CrossProduct	25
Curl	25
Cylinder	21
Cylindrical	23
cylindrical coordinate	19

【D】

D	156
Dashing	39
DiracDelta	171
Directory	9

Disk	71	**【I】**	
DisplayFunction	34		
$DisplayFunction	34, 52	Icosahedron	8
Div	25	Identity	34
Dodecahedron	8	If	97, 174
DotProduct	25	Im	89
DSolve	50	InstallJavaView	18
		Integrate	31
【E】		Inverse	66
		Italic	108
Eigenvalues	66, 123		
Eigenvectors	123	**【J】**	
EllipticE	157		
EllipticK	157	J. C. Maxwell	94
Expand	75	J/Link	11
Export	9	Java	11
ExtendGraphics	12, 36	JavaView	15
【F】		**【L】**	
False	20, 31	Laplacian	25
FieldLine	13	LegendreP	82
FieldLines	13, 36	LegendreQ	83
First	104	Length	3
Fit	86	Limit	126
FontSize	10, 158	Line	10, 174
FontSlant	108	Listable	14, 86
Frame	91	ListPlot	121
FrameLabel	158	LiveGraphics3D	20
		Log	174
【G】		LogLinearPlot	164
		LogLogPlot	39, 42
GenerateConditions	31		
Get	6	**【M】**	
Gloval	8		
Grad	25	Manipulate	6
Graphics	4	Map	15
Graphics3D	8, 20	MatrixForm	65
GraphicsArray	8, 99	Max	34, 52, 183
GridLines	164	Min	10
		Module	10, 36
		MovieContourPlot	6
		MoviePlot	6

【N】

N	8
Names	3
Needs	6
None	165
Normal	136

【O】

Off	39

【P】

ParametricPlot	7, 14, 187
PlotField	5
PlotJoined	121
PlotPoints	52, 70
PlotRange	13, 42
PlotStyle	32
PlotVectorField	5
PolarPlot	52
Polygon	20
Polyhedra	8
PolyhedronData	8
PrependTo	127
Private	10
Put	9

【R】

Random	38
Range	86
Re	89
RealTime3D	15
RGBColor	39
RotateLabel	164

【S】

ScalarTripleProduct	25
Series	41
SetCoordinates	26
ShadowPlot3D	88
ShadowPosition	88
Show	8
Simplify	27
Sin	13
Solve	101
Spherical	23
spherical coordinate	19
Sqrt	13, 181
StreamPlot	6
StyleForm	158
Sum	13
System	3

【T】

Table	13, 71
TableHeadings	165
TablePlot	6
Text	10, 108
TextStyle	10, 108
Thickness	32
Through	91
Transpose	86
True	34

【U】

UnitStep	44, 170

【V】

VectorFieldPlot	6
VectorHeads	34
Version5	4
Version6	4
Version7	4
Vertices	8
ViewPoint	22

索　　　引　　217

【W】

Wolfram Library Archive　11

【あ】

アーンショーの定理　112
アニメーション　6
アンペアの周回積分の法則　129, 203
E-H 対応　192
E-B 対応　192
インタラクティブ　7
渦電流　182
渦なしの場　46, 47
永久磁石　197
映像電荷　67
映像電荷法　67, 105
映像電流法　173
F 行列　122
円電流　132
円筒座標　19
円筒座標系　21
円筒調和関数　78
オームの法則　118

【か】

回転　24
ガウスの定理　41
ガウスの発散定理　30
環状ソレノイド　175
完全導体　63
球形磁石　197
球座標　19
球座標系　22
球面調和関数　80
境界条件　103, 172
強磁性体　170
キルヒホッフの第一法則　31
キルヒホッフの電流則　31
キルヒホッフの法則　119
クーロンの法則　33
クーロン力　33
繰返し回路　120
勾配　24
固有インピーダンス　208
固有関数　123
固有値　123
固有抵抗　118
コンデンサ　100

【さ】

サイクロイド　187
鎖交　154
鎖交回数　154
鎖交磁束　154
座標系　19
磁位　192, 193
磁化　168
磁荷　192
磁界　19, 169, 191
磁化曲線　170
磁化された　168
磁化電流　168
磁荷密度　192
磁気エネルギー　177
磁気双極子　138
磁気双極子モーメント　138
磁気分極　192
磁気誘導　168
自己インダクタンス　155
磁性体　168
磁性体球　194
磁性体境界値問題　194
磁性体境界面　172
磁束密度　129, 191
縦続回路　122
自由電子　96
純関数　94
磁力線　147
　——の方程式　147
真空の透磁率　129
真空の誘電率　33
真電荷　98, 191
真電流　169, 191

スカラーポテンシャル	47
skindepth	181
正則関数	89
静電エネルギー	65
静電界	34
静電誘導係数	64
静電容量	100
静電容量係数	64
絶縁体	118
線電荷	40
線分の電流	131
相互インダクタンス	155
相対性理論	33
属性	15
ソレノイダル	144
ソレノイダルベクトル	144

【た】

第1種完全楕円積分	157
第1種ベッセル関数	213
第2種完全楕円積分	157
第2種ベッセル関数	213
単位点電荷	34
調和関数	77
調和振動	210
直線上点電荷列	54
直角座標	19
直角座標系	20
直角調和関数	77
抵抗	119
抵抗回路	120
ディリクレー型の問題	65
データファイル	8
電位	46, 47
電位係数	64
電荷	30
電界	19, 34, 191
電荷保存則	30
電気エネルギー	112
電気双極子	96
電気双極子モーメント	96
電気力線	35, 51
――の屈折	104
――の方程式	51
電磁誘導	153
電束密度	100, 191
点電荷	34
電場	34
伝搬	209
電流	30
電流の場と静電界のアナロジー	124
等角写像	7, 90
透磁率	169
同心円筒コンデンサ	101
同心球状コンデンサ	102
導体	118
導体コーナ	68
導体表面上の境界条件	63
等電位線	51
等電位面	51
導電率	118
トムソンの定理	112

【な】

長岡係数	161, 189
2端子対回路	122
任意電流ループ	194
ノイマン	153
――の法則	155
ノイマン型の問題	65
ノイマン関数	79

【は】

波数	208
パッケージの作成	9
発散	24
板状磁石	199
半導体	118
BH曲線	170
ビオ・サバールの法則	130
微小ダイポール	210
微小電流ループ	193
微小ループ	136

微小ループ電流	138	変数分離の方法	75, 206
ヒステリシス現象	170	ポアソン方程式	50
比透磁率	169	放射	209
表皮効果	181	鳳・テブナンの定理	119
表皮の深さ	181	保存力の場	46
ファラデー	153	ポテンシャルエネルギー	47
——の電磁誘導の法則	203		
——の法則	153	**【ま】**	
ファラデー管	114		
ファラデー・ノイマンの法則	153	マクスウェル	94
フィボナッチ数列	121	——の応力	114
複素関数	89	マクスウェル方程式	203
複素正則関数	7	無限長ソレノイド	155, 161
ブリッジ回路	119	無限直線電流	130
分極	96, 192	無端ソレノイド	155
分極する	96	面電荷	40
分極電荷	96, 98, 191, 192		
分極電流	191	**【や】**	
分布抵抗線路	125		
分布定数回路	125	有限長ソレノイド	162
分布電荷	40	誘電体	96
分離定数	76	誘電体境界	103
平行同軸円形コイル	156	四端子回路	122
平行導線	178		
平行板電極	94	**【ら】**	
平面波	208		
ベクトル解析	19, 23	ラプラシアン	24
ベクトルの微分	24	ラプラス方程式	50
ベクトルのラプラシアン	26	立体角	41
ベクトル場の力線	5	履歴現象	170
ベクトルポテンシャル	143, 144	ルジャンドル関数	82
ベクトル量	19	——の陪関数	82
ベッセル関数	79	ルジャンドル多項式	82
ヘルムホルツコイル	133	連続の方程式	30
ヘルムホルツの定理	145	ローレンツ力	185
ヘルムホルツ方程式	206		
変位電流	203	**【わ】**	
変位電流密度	204		
変形ベッセル関数	79	わき出しなし	144

―― 著者略歴 ――

1962 年	東京工業大学理工学部電気工学科（B コース）卒業
1967 年	東京工業大学大学院博士課程修了（電子工学専攻）
	工学博士
1967 年	東京工業大学助手
1970 年	名古屋工業大学助教授
1984 年	名古屋工業大学教授
2003 年	名古屋工業大学名誉教授
2003 年	南山大学教授
	現在に至る

電磁気学演習
Exercises for Electricity and Magnetism Using Mathematica
© Naoki Inagaki 2010

2010 年 3 月 23 日　初版第 1 刷発行

検印省略	著　者	稲　垣　直　樹
	発行者	株式会社　コロナ社
		代表者　牛来真也
	印刷所	三美印刷株式会社

112-0011　東京都文京区千石 4-46-10

発行所　株式会社　コ ロ ナ 社
CORONA PUBLISHING CO., LTD.
Tokyo Japan

振替 00140-8-14844・電話(03)3941-3131(代)

ホームページ http://www.coronasha.co.jp

ISBN 978-4-339-07754-4　　（金）　（製本：愛千製本所）
Printed in Japan

無断複写・転載を禁ずる
落丁・乱丁本はお取替えいたします

コンピュータサイエンス教科書シリーズ

(各巻A5判)

■編集委員長　曽和将容
■編集委員　　岩田　彰・富田悦次

配本順			頁	定価
1.（8回）	情報リテラシー	立花 康夫／曽和将容／春日秀雄 共著	234	2940円
4.（7回）	プログラミング言語論	大山口 通夫／五味 弘 共著	238	3045円
6.（1回）	コンピュータアーキテクチャ	曽和将容 著	232	2940円
7.（9回）	オペレーティングシステム	大澤範高 著	240	3045円
8.（3回）	コンパイラ	中田育男 監修／中井央 著	206	2625円
11.（4回）	ディジタル通信	岩波保則 著	232	2940円
13.（10回）	ディジタルシグナルプロセッシング	岩田彰 編著	190	2625円
15.（2回）	離散数学 ―CD-ROM付―	牛島和夫 編著／相廣利雄／朝廣民一 共著	224	3150円
16.（5回）	計算論	小林孝次郎 著	214	2730円
18.（11回）	数理論理学	古川康一／向井国昭 共著	234	2940円
19.（6回）	数理計画法	加藤直樹 著	232	2940円
20.（12回）	数値計算	加古孝 著	188	2520円

以下続刊

2.	データ構造とアルゴリズム	熊谷 毅 著	3.	形式言語とオートマトン	町田 元 著
5.	論理回路	渋沢・曽和 共著	9.	ヒューマンコンピュータインタラクション	田野俊一 著
10.	インターネット	加藤聰彦 著	12.	人工知能原理	嶋田・加納 共著
14.	情報代数と符号理論	山口和彦 著	17.	確率論と情報理論	川端 勉 著

定価は本体価格+税5％です。
定価は変更されることがありますのでご了承下さい。

図書目録進呈◆

電気・電子系教科書シリーズ

（各巻A5判）

■編集委員長　高橋　寛
■幹　　　事　湯田幸八
■編集委員　　江間　敏・竹下鉄夫・多田泰芳
　　　　　　　中澤達夫・西山明彦

配本順		書名	著者	頁	定価
1.	(16回)	電気基礎	柴田　尚志／皆藤新一／田中泰芳 共著	252	3150円
2.	(14回)	電磁気学	多田泰芳／柴田　尚志 共著	304	3780円
3.	(21回)	電気回路Ⅰ	柴田　尚志 著	248	3150円
4.	(3回)	電気回路Ⅱ	遠藤　勲／鈴木靖郎 共著	208	2730円
6.	(8回)	制御工学	下西二郎／奥平　鎮正 共著	216	2730円
7.	(18回)	ディジタル制御	青木俊幸／西堀立幸 共著	202	2625円
8.	(25回)	ロボット工学	白水俊次 著	240	3150円
9.	(1回)	電子工学基礎	中澤達夫／藤原勝幸 共著	174	2310円
10.	(6回)	半導体工学	渡辺英夫 著	160	2100円
11.	(15回)	電気・電子材料	中澤達夫／押山・藤田／森　健英／服部原 共著	208	2625円
12.	(13回)	電子回路	須田健二 共著	238	2940円
13.	(2回)	ディジタル回路	土原弘博／伊海純／若沢昌也 共著	240	2940円
14.	(11回)	情報リテラシー入門	吉賀　進／室下　厳 共著	176	2310円
15.	(19回)	C++プログラミング入門	湯田幸八 著	256	2940円
16.	(22回)	マイクロコンピュータ制御プログラミング入門	柚賀正光／千代谷　慶 共著	244	3150円
17.	(17回)	計算機システム	春日雄健／舘泉幸治 共著	240	2940円
18.	(10回)	アルゴリズムとデータ構造	湯田幸八／伊原充博 共著	252	3150円
19.	(7回)	電気機器工学	前新邦弘／江谷　勉 共著	222	2835円
20.	(9回)	パワーエレクトロニクス	高間敏勲／江橋敏章 共著	202	2625円
21.	(12回)	電力工学	江間　敏／甲斐隆章 共著	260	3045円
22.	(5回)	情報理論	三木成彦／吉川英機 共著	216	2730円
24.	(24回)	電波工学	松田豊稔／宮田克正／南部幸久 共著	238	2940円
25.	(23回)	情報通信システム(改訂版)	岡田裕唯／桑原史夫 共著	206	2625円
26.	(20回)	高電圧工学	植月唯夫／松原孝史／箕田充志 共著	216	2940円

以下続刊

5. 電気・電子計測工学　西山・吉沢共著　　23. 通信工学　竹下・吉川共著

定価は本体価格+税5％です。
定価は変更されることがありますのでご了承下さい。

図書目録進呈◆